# 第一次当爸爸妈妈

# 辅食全放心

〔日〕上田玲子　编

邹艳苗　译

南海出版公司

# 辅食全放心
## Contents

写给爸爸妈妈的话·············5
添加辅食之前必须知道·············6

## PART 1 辅食基本知识

学习辅食的基本原则·············8
各阶段辅食介绍·············10
如何做到营养均衡·············14
制作辅食的必备神器·············16
做辅食的基本方法·············18
如何烹制粥和软饭·············22
制作鲣鱼高汤和蔬菜汤·············24
添加辅食前的Q&A·············26

**特别附录**

宝宝一顿辅食应该吃多少?
正面 **每餐辅食摄入量参考表**

根据○△×符号确认各阶段的辅食!
背面 **宝宝可以吃的辅食·不可以吃的辅食一览表**

新经典文化股份有限公司
www.readinglife.com
出品

# 辅食全攻略及推荐食谱

## 吞咽期（5~6个月）辅食详解

吞咽期前半段 ·············· 30

吞咽期后半段 ·············· 34

吞咽期推荐食材 ·············· 36

吞咽期推荐食谱 ·············· 38

调查报告　走访有吞咽期宝宝的家庭 ·············· 40

"这个时候怎么办？"关于辅食的Q&A ·············· 42

## 蠕嚼期（7~8个月）辅食详解

蠕嚼期前半段 ·············· 44

蠕嚼期后半段 ·············· 46

蠕嚼期推荐食材 ·············· 48

蠕嚼期推荐食谱 ·············· 50

调查报告　走访有蠕嚼期宝宝的家庭 ·············· 52

"这个时候怎么办？"关于辅食的Q&A ·············· 54

COLUMN1　冷冻和解冻的基本知识 ·············· 56

## 细嚼期（9~11个月）辅食详解

细嚼期前半段 ·············· 60

细嚼期后半段 ·············· 62

细嚼期推荐食材 ·············· 64

细嚼期推荐食谱 ·············· 66

调查报告　走访有细嚼期宝宝的家庭 ·············· 68

"这个时候怎么办？"关于辅食的Q&A ·············· 70

COLUMN2　婴儿也需要零食吗？ ·············· 72

## 咀嚼期（1岁~1岁半）辅食详解

咀嚼期前半段 ·············· 74

咀嚼期后半段 ·············· 76

咀嚼期推荐食材 ·············· 78

咀嚼期推荐食谱 ·············· 80

调查报告　走访有咀嚼期宝宝的家庭 ·············· 82

"这个时候怎么办？"关于辅食的Q&A ·············· 84

COLUMN3　分餐辅食法

白萝卜豆腐味噌汤 ·············· 86

咖喱鸡肉 ·············· 88

鸡翅鳕鱼炖锅 ·············· 90

## 幼儿饮食期（辅食期结束~3岁前后）的饮食

这一时期的前半段 ·············· 92

这一时期的后半段 ·············· 94

"这个时候怎么办？"关于辅食的Q&A ·············· 96

# PART 3 按食材分类的辅食食谱

本书食谱的规范细则 …………………… 98

## 碳水化合物

米粥 & 米饭 …………………… 100
切片面包 …………………… 104
面条 …………………… 108
薯类 …………………… 114
谷物类 …………………… 118

## 蔬菜·水果

胡萝卜 …………………… 120
南瓜 …………………… 124
西红柿 …………………… 128
绿叶菜 …………………… 132
西蓝花 …………………… 136
卷心菜·大白菜 …………………… 140
白萝卜·芜菁 …………………… 142
茄子 …………………… 144
青椒·彩椒 …………………… 146
蚕豆·豌豆 …………………… 148
芦笋 …………………… 148
玉米 …………………… 149
秋葵 …………………… 149
水果 …………………… 150

## 蛋白质

豆腐·冻豆腐 …………………… 152
小鱼干 …………………… 156
白肉鱼 …………………… 160
金枪鱼罐头 …………………… 164
鸡蛋 …………………… 166
纳豆·水煮黄豆 …………………… 170
鸡小胸 …………………… 172
鸡大胸·鸡腿肉 …………………… 174
牛肉·猪肉 …………………… 176
其他水产 …………………… 180

COLUMN4　为派对 & 节日准备的辅食

生日 …………………… 184
圣诞节 …………………… 185
新年 …………………… 186
日本女儿节 …………………… 187
日本男孩节 …………………… 188

## 写给爸爸妈妈的话

当宝宝开始吃辅食，爸爸妈妈就变得忙碌起来。宝宝的饮食与成年人有很大的不同，爸爸妈妈在这一时期肯定会有很多困惑。

但是，随着宝宝一天天成长，一步步学习如何进食，最终都会顺利过渡到幼儿饮食。因此，爸爸妈妈不用太焦虑，耐心陪伴宝宝度过辅食期就好。

本书介绍了辅食的基础知识、烹制技巧、美味食谱等必备实用内容，即使是新手爸妈也可以轻松掌握。当你在育儿过程中感到困惑时，如果本书能帮你答疑解惑，将是我们的荣幸。

虽然辅食阶段会遇到诸多问题，但这个时期很快就会过去。请爸爸妈妈保持愉悦的心情，和宝宝一起留下关于辅食的美好回忆吧！

## 1 辅食需从5~6个月开始添加

母乳是新生儿最理想的营养来源。但是，宝宝6个月之后，母乳中的蛋白质、钙、铁等成长必须的营养素会大幅减少，只吃母乳或奶粉已经不能满足宝宝的成长需求。所以，建议从宝宝5~6个月开始添加辅食。

**母乳中主要营养成分的变化趋势**

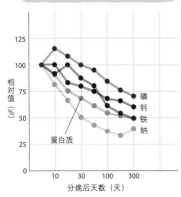

妈妈分娩后分泌的乳汁含有非常丰富的蛋白质、钙、铁等营养元素，但随着宝宝的生长发育，这些营养元素逐渐减少。唯一不变的是乳糖的含量，即热量的来源。

## 2 食欲有个体差异，标准不宜过于统一

虽然辅食喂养有一定的量化标准，但是每个孩子接受的量不尽相同。有的宝宝食欲旺盛，有的则食欲小得让妈妈担心。此外，还有很多宝宝会经历食欲起伏或挑食的阶段。这些多少会让爸爸妈妈感到焦虑，但是只要孩子的体重按照生长曲线的标准增加，就不必担心。食欲大小存在个体差异，妈妈们不用太敏感。

## 3 全家一起享受美食，帮助宝宝内心成长

进食不仅是人类获取营养的过程，还能带来精神上的愉悦和满足。和爸爸妈妈一起吃饭，对宝宝的生长发育至关重要，能促进宝宝的自主意识、好奇心、愉悦感、幸福感等情感的发展。所以，建议全家人尽可能多在一起吃饭，与孩子建立亲密的感情，让他的内心变强大。

# 辅食基本知识

"什么是辅食？"
"与成人的饮食有什么不同？"
给宝宝添加辅食之前，恐怕没人会想这些问题。
因此，我们总结了辅食基本知识及烹饪要点。
即使已经开始添加辅食了，遇到问题也可以翻阅这本书。

# 学习辅食的基本原则

宝宝的身体机能还不成熟,抵抗力也比较弱,摄入的食物与成年人完全不同。让我们先记住一些辅食的基本原则。

## 要和宝宝的消化、咀嚼能力匹配

新手妈妈也许会觉得做辅食非常繁琐。但是,宝宝的身体机能还不健全。比如,婴儿的胃呈水平状,比成年人更容易呕吐。宝宝将食物从食道经由胃再送入大肠的蠕动功能,1岁前后才能达到成年人一半的水平。而且消化食物的消化酶也分泌不足;加上免疫力不健全、抵抗力低,一点细菌也有引起食物中毒的危险。

其次,婴儿没有咀嚼能力。成年人用门牙咬断食物,用磨牙咀嚼,再将食物与唾液充分混合,吞咽至食道,整个进食过程非常轻松,但婴儿必须循序渐进地练习。到了2岁半至3岁,上下两排乳牙长齐,咀嚼才算真正开始。

不仅是肠胃,肾脏、肝脏的完善也需要时间。等到8岁左右,孩子才能跟大人吃完全一样的食物。所以,婴儿期的辅食也好,幼儿期的食物也好,最基本的原则就是保护尚未发育健全的宝宝们。

### 原则 1
#### 做成宝宝可以直接吞咽的形态

5~6个月开始添加辅食时,很多宝宝还没有长牙,上下门牙要到1岁左右才长齐。这个时期的辅食一定要足够细腻,保证宝宝不咀嚼就能直接吞咽。虽然宝宝已经会吃奶,但如何运用舌头和口腔肌肉,需要一点练习。建议从糊状食物开始,根据出牙的进度,逐渐增加食物的硬度。(参见P10)

### 原则 2
#### 食物要加热杀菌

婴儿对细菌的抵抗力非常弱,做辅食经常需要碾碎、切碎食材,这就增加了细菌感染的概率,所以要尽量把所有食材都加热杀菌。比如豆腐要用开水烫,凉了及冷冻后取出的辅食要用微波炉加热。

用微波炉加热

---

## 宝宝摄取食物的各个阶段

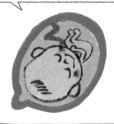

**胎儿期**

宝宝在母体内,一切营养依靠胎盘供给。

**母乳期**

妈妈的乳汁是最完美的食物!这个时期,保证足量的母乳或配方奶,为日后的成长储存能量。

### 辅食期

**5~6个月**

辅食期=由母乳向食物过渡。此时,母乳不再是唯一的营养来源。

**1岁~1岁半**

大部分营养来自食物,逐渐脱离母乳喂养。开始用手抓食物,练习用勺子吃饭。

## 原则 3

### 从容易消化吸收的粥开始

大米、薯类等碳水化合物不仅容易烹制成糊状，也容易被宝宝消化吸收。其中，大米的过敏概率非常低，建议从米水比例是1∶10的粥开始添加辅食，待宝宝的肠胃适应之后，再依次添加蔬菜和肉、鱼等富含蛋白质的食物。

## 原则 4

### 从无油无盐的食物开始

肾脏最重要的功能是将多余的盐分排出体外，但是宝宝6个月时，排盐功能才达到成年人的一半，因此，过多的盐分会对宝宝的肾脏造成负担。在添加辅食初期，不建议加盐。7~8个月的时候，如果要加盐、糖、酱油、味噌的话，必须控制在极少量，即使过了1岁，也建议尽量少放调料。6个月以后，可以添加少量黄油（最好是无盐黄油）、橄榄油。

6个月开始，可以添加少量的油

7个月开始，可以添加微量的调味品

## 原则 5

### 蛋白质类食物的量和添加顺序很重要

蛋白质是婴儿成长必不可少的营养元素，但如果摄入过多，宝宝无法消化，要适量并按顺序添加。同时，食物中的脂肪也会给宝宝的身体造成负担，建议从脂肪含量较少的豆腐或鱼开始添加，且任何一种新食材都要从1勺的量开始添加。

## 原则 6

### 牢记辅食黑名单

辅食的食材应该是方便烹制成糊状，盐分和脂肪较少的。要避免以下食物：蜂蜜，含有肉毒杆菌；年糕，容易造成窒息；鱼糕，盐分较多且不易咀嚼。此外，荞麦面的过敏概率较高，也应尽量避免。糖分和油脂较多的各种点心，生鱼片、生鸡蛋等食物也是禁区。

生鱼片　蜂蜜　鱼糕　年糕　荞麦面　巧克力

| 幼儿期 | 儿童期 |
| --- | --- |
| 消化酶的分泌量与成年人相近，可以吃口味清淡、有一定硬度的食物，开始练习用筷子进食。 | 8岁左右，肾脏和肝脏的功能发育健全。可以选择自己想吃的食物，甚至可以自己做一些简单的饭菜。 |

### 饮食促进身心全面健康发展

吃辅食，不仅能锻炼宝宝的咀嚼能力，还能增强消化能力，还会促进四肢活动能力和心智发展。宝宝开始不喜欢被大人喂，想自己抓食物，也会有掀盘子等行为，这些都是探索欲的表现。曾经不喜欢吃的食物，从任性地扔掉到渐渐地接受，孩子从一个完全依赖妈妈的婴儿，成长为幼儿、儿童。这个过程很漫长，但孩子终究会长大。爸爸妈妈要耐心陪伴，一直到宝宝可以独立吃饭。

# 各阶段辅食介绍

根据宝宝的进食能力，我们将辅食分为从糊状到固体4种形态。

### 从吞咽到咀嚼，需要半年到一年

整个辅食期，就是从吞咽到咀嚼进食的过程。添加辅食之前，宝宝吃母乳或奶粉，所以最初的食物也必须接近流食的状态，适应了之后再过渡到固体食物。以右图的胡萝卜为例，从最初的胡萝卜泥逐渐过渡到颗粒状，再到片状。

辅食阶段一般是 5~6 个月至 1 岁 ~1 岁半。根据孩子的具体情况循序渐进，适应得快的宝宝只需要半年，适应得慢的宝宝要 1 年多。

### 辅食期分为4个阶段，关键是宝宝的接受度

辅食期分为吞咽期、蠕嚼期、细嚼期、咀嚼期 4 个阶段。在吞咽期，80%~90% 的营养依然来自母乳或奶粉。到了最后的咀嚼期，80% 的营养来自辅食，且很多宝宝在这个阶段已经断奶了。

需要注意的是，妈妈不必拘泥于哪个月龄必须吃什么的原则，最重要的参照标准就是宝宝实际的咀嚼能力和消化能力，以此决定食物的大小、硬度、种类和量。不要认为"我的宝宝到了这个月龄，就必须照这个月龄的标准来"。要知道，孩子之间存在个体差异，前进一步又退步也是常有的事，应该一边观察，一边调整辅食，不能机械而死板地喂养，这一点新手父母尤其要注意。

此外，在添加辅食的过程中，孩子时而喜欢吃，时而不喜欢吃的情况也很常见，妈妈不必时喜时忧，孩子们最终都会好好吃饭。也没有必要跟其他孩子比，按照宝宝的实际情况来就好。

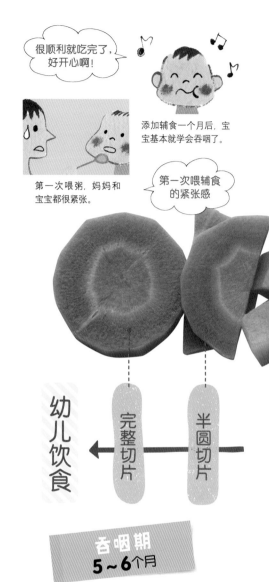

很顺利就吃完了，好开心啊！

添加辅食一个月后，宝宝基本就学会吞咽了。

第一次喂粥，妈妈和宝宝都很紧张。

第一次喂辅食的紧张感

幼儿饮食 ← 完整切片 半圆切片

**吞咽期**
**5~6个月**

从细腻顺滑的糊状开始
让宝宝直接吞咽

添加辅食之前，宝宝都是吃母乳或奶粉的，不用咀嚼、可以直接吞咽下去的辅食最理想。等宝宝完全学会吞咽，开始慢慢减少水分的含量，做成黏稠的酱即可。

| 母乳·奶粉 | 辅食 | |
|---|---|---|
| 90% | 10% | 前半段 |
| 80% | 20% | 后半段 |

这个时期的目标是让宝宝习惯吃辅食，只要宝宝愿意吃，就不必控制母乳或奶粉的量。

生病后，辅食倒退到上一阶段

由于肠胃不适，辅食停了两周。回到糊状，从头再来。

到处乱扔，边吃边玩，好头疼啊！

用手抓着吃总是不老实，弄得到处都是。也不肯乖乖地坐在椅子上，还挑食，真是让人头疼。

终于可以好好吃饭了

开始吃米饭，做辅食也轻松多了！宝宝也可以乖乖吃完啦！

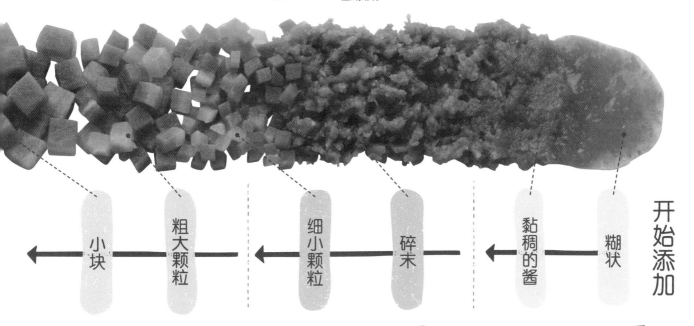

← 小块 ← 粗大颗粒 ← 细小颗粒 碎末 ← 黏稠的酱 糊状 开始添加

**蠕嚼期**
**7~8个月**

**细嚼期**
**9~11个月**

**咀嚼期**
**1岁~1岁半**

做成嫩豆腐状最理想
蔬菜要切成小颗粒

这个时期，宝宝学会用舌头将食物碾碎。将食物做成嫩豆腐状最理想。蔬菜煮到可以用手捏碎的状态，再磨成碎末。鱼松或肉松也要调成糊状。

| 母乳·奶粉 | 辅食 | |
|---|---|---|
| 70% | 30% | 前半段 |
| 60% | 40% | 后半段 |

辅食的量逐渐增加，如果是母乳喂养就尽情满足宝宝的需求，奶粉喂养建议一天 5 次。

辅食柔软度和香蕉差不多
宝宝能用牙齿嚼碎

这个时期，宝宝以前用舌头碾不碎的食物，也能用牙齿咬碎了。虽然力量还很微弱，但是咬的方法和成年人一样。食物的硬度应该与熟香蕉、嫩豆腐等相当。

| 母乳·奶粉 | 辅食 | |
|---|---|---|
| 35~40% | 60~65% | 前半段 |
| 30% | 70% | 后半段 |

从辅食中获得的营养，与母乳或奶粉的营养比例出现逆转，这一阶段要多吃富含铁的食物。

咀嚼能力提高
用门牙能轻松咬碎胡萝卜片

这一时期，宝宝可以用门牙轻松咬碎煮熟的胡萝卜片。最适合用煮胡萝卜、肉丸等让宝宝练习咀嚼能力。辅食期结束后，也不能和成年人吃一样的食物，还要坚持给宝宝吃清淡的食物。

| 母乳·奶粉 | 辅食 | |
|---|---|---|
| 25% | 75% | 前半段 |
| 20% | 80% | 后半段 |

大部分营养来自辅食，每天喝 300~400ml 的母乳或配方奶即可。

整个辅食期，大部分宝宝都是时而吃得香，时而不爱吃，反反复复。你和宝宝是怎样度过辅食期的？一起来看看两对母子的故事。

## Case 1

**对鸡蛋过敏，其他很顺利**

冲杏奈（女儿）·祐理（妈妈）

我会提前做好并冷冻，每逢周末全家外出就餐。这样妈妈不累，每天心情好，这才是最重要的。

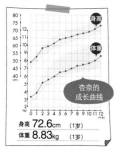

身高 **72.6**cm（1岁）
体重 **8.83**kg（1岁）

杏奈的成长曲线

### 5个月开始添加辅食，用微波炉专用容器做粥

女儿身体发育得一直很好，所以我决定在满5个月时添加辅食。每天上午喂奶之后，10点是她的辅食时间。我买了微波炉专用容器，将煮好的米饭加上水加热一下，就变成粥了，非常方便。女儿接受得很顺利，适应了之后就开始添加蔬菜了。

第一次喝10倍粥，咕咚咕咚喝完了。水分很多，更像一碗米汤。

### 给女儿喂了鸡蛋后开始发烧！她对蛋清过敏，不再加鸡蛋

这个时期，女儿每天吃两顿7倍粥。可能是长体重，食欲特别旺盛，我很开心。不仅喂她粥，还用奶粉煮面包喂她。有一次放了点鸡蛋，半小时后突然发烧了，原来她对蛋清过敏。市售的儿童食品都清楚地标注了成分，我一般选择米饼或不含鸡蛋的饼干给她当零食。

开始有自主意识了，喝水也喜欢自己捧着吸管杯喝。

最喜欢捣烂的香蕉。一边吃一边要握着小勺子。

**吞咽期 5~6个月**

**蠕嚼期 7~8个月**

## Case 2

**伴随着挑食、偏食的辅食期**

小川阳太（儿子）·舞子（妈妈）

食物的硬度和口味一直都参照标准。也会挑食、偏食，但随着长大在一点点改变。

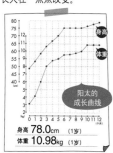

身高 **78.0**cm（1岁）
体重 **10.98**kg（1岁）

阳太的成长曲线

### 不肯吃粥，拌奶粉后才肯吃

宝宝从5个月开始添加辅食。也许吃惯了母乳和奶粉，喂他10倍粥时不肯接受，我很发愁。后来尝试着在粥里拌奶粉，没想到他很配合地喝了！从6个月开始改成一天吃两顿粥，蔬菜和豆腐也很喜欢吃。

来～张嘴

辅食初期喝的加了奶粉的10倍粥。

还坐不稳，背后垫了哺乳枕。

### 不知道宝宝喜欢什么味道，买了很多婴儿食品

儿子一直不喜欢喝白粥，要有味道才行。书上说这段时间可以稍微加一些味道，但是我把握不准量，所以买了市售的婴儿食品来研究。他最喜欢吃的是蔬菜煮面条，我就经常做。面条的盐分比较高，我把面条掰碎后煮久一点，再加很多蔬菜，然后冷冻保存。

6个月能坐稳了。可以坐在餐椅上吃饭。

蔬菜煮面条配原味酸奶。

# 关于辅食那些事儿

一点点进步，循序渐进

## 开始用手抓馒头或煮软的蔬菜等

这个阶段，女儿特别喜欢抓东西，尤其喜欢抓馒头吃。我把馒头和蔬菜或猪肝泥拌在一起给她补充营养。但她不喜欢吃鱼和肉类，倒是很喜欢吃豆腐。我十分小心，不让她接触鸡蛋，但有一次在外面吃饭，豆腐里可能含有鸡蛋，1小时后她的脸和手脚突然很烫，于是慌慌张张地去了医院……

老老实实坐在餐椅上

这款可以固定在餐桌上的餐椅深得女儿喜爱，还能节省空间。

不含鸡蛋成分的馒头、南瓜、西蓝花、香蕉味酸奶。

## 开始吃和大人一样的食物，口味更清淡，鱼和肉也基本接受了

这个时期，女儿吃的食物和大人几乎一样，只是口味清淡一些，也开始吃鱼和肉了，尤其爱吃鲑鱼松或鸡肉松拌米饭。每次吃酸奶都用手抓，弄得一塌糊涂！开始练习用勺子吃饭。最大的变化是一点点地接受鸡蛋，蛋黄从少量到能吃下整个，蛋清从一勺开始逐渐增加。

很喜欢自己吃饭，只会用手抓，打扫起来很累。

茄子肉末盖饭、玉米、焯青菜、白萝卜和胡萝卜。

## 细嚼期
### 9~11个月

## 咀嚼期
### 1岁~1岁半

## 喜欢西餐调味料，很爱加了蔬菜的意大利肉汁烩饭

宝宝喜欢搭配蔬菜汤、牛奶的稍微浓郁的西式风味。做意大利肉汁烩饭时，米饭做得软一点，再配上菠菜或其他绿叶菜，蘑菇等平时不爱吃的食材，也能吃得很好。切碎的通心粉、乌冬面也爱吃了。还学会了用手抓饭吃，我会给他馒头丁、蛋糕条等容易抓的食物。

以前都乖乖地自己捧着喝，现在学会撒娇了，呵呵。

妈妈喂我~

薯条、馒头、蔬菜奶油烩饭。

## 不那么挑食了，但要求变多了，不是妈妈做的就不吃

还是不喜欢吃肉松，喜欢吃通心粉或乌冬面。但是接受了大块蔬菜，也愿意喝汤了。1岁半前后可以吃烤饭团、米饭了，也不那么挑食了，这让我很欣慰。但不愿意吃市售的婴儿食品，只喜欢妈妈做的饭，我要加油啊！

啊呜啊呜大口吃

牛奶煮南瓜和通心粉、菠菜馒头、吐司、炖蔬菜。

"最爱吃妈妈做的饭！"他这么爱吃，我很开心。

# 如何做到营养均衡

与成年人的食物一样，辅食也分三大类，了解各营养素的特点，可以避免营养不良或营养过剩。

将食物

## 为身体提供热量和力量

### 能量类食物

**米饭**

容易消化吸收的淀粉，不会对肠胃造成负担，非常适合当作辅食。

**面包**

为防止过敏，建议 6 个月之后添加。并选择盐分较少的吐司面包。

**薯类**

吞咽期（5~6 个月）就可以添加土豆、红薯。可加热后捣成糊状。

**面条**

为防止过敏，6 个月之后再添加乌冬面。细嚼期（9~11 个月）再添加意大利面。

#### 含有大量糖分（淀粉）的主食

糖分能够保持体温，并为肌肉、内脏等提供能量。本书将含有大量糖分（淀粉）的主食称为"能量类食物"。婴儿的肠胃功能尚不健全，辅食一般从容易消化的米粥开始添加。面条或面包含有一定的盐分，妈妈们要注意。

脂肪同样是能量类食物，但会对婴儿的身体造成很大负担，建议只添加极少的量。

## 调整

### 维生素

只要煮得烂烂的，大部分蔬菜可以从吞咽期（5~6 个月）开始添加。

**蔬菜**

富含维生素C。按照一定的比例与蔬菜一起添加比较理想。

**水果**

从蠕嚼期（7~8 个月）开始添加。富含维生素D，有助于钙吸收。

**蘑菇**

从蠕嚼期（7~8 个月）开始添加少量的海苔、裙带菜、羊栖菜。

**海藻**

## 基本原则是从三大类食物中各选一种搭配

添加辅食 1 个月后，可以从每天一顿增加至每天两顿。这时，营养均衡就是妈妈们要考虑的问题了。

其实非常简单，只要从上述三大类食物中，各选一种或多种食材搭配就好。目标是每顿辅食中都包含三大营养。妈妈们既可以将主食、蛋白质类食物、维生素·矿物质类食物分开烹制，也可以各选一种或多种食材一起煮成粥。

## 不必做到每顿都营养均衡，2~3天内总体均衡即可

妈妈们都很忙碌，孩子的食欲也不稳定，每顿都营养均衡，多少有些不现实。所以不必拘泥于此，只要一天三顿，或 2~3 天的食物总体达到均衡即可。比如，早餐是香蕉和豆浆，晚餐是蔬菜。经常吃的蔬菜，可以简单焯一下冷冻起来，方便随时烹制。

# 分成3大类

## 身体状态

### 矿物质类食物

色彩鲜艳说明营养丰富，
做得容易吞咽最重要！

维生素·矿物质类的食物对身体发育至关重要。不仅帮助身体吸收代谢主食，还可以保护我们的皮肤和黏膜组织，调整身体状态。

可以将颜色为黄、红、绿（黄绿色蔬菜）、白（浅色蔬菜）、黑（海藻、蘑菇）的食物搭配在一起，营养非常均衡。

蔬菜不容易引起过敏，宝宝的内脏负担也比较小。做辅食时，将皮和种子去除干净，煮至烂熟。做成宝宝容易吃的状态，他的胃口会更好。

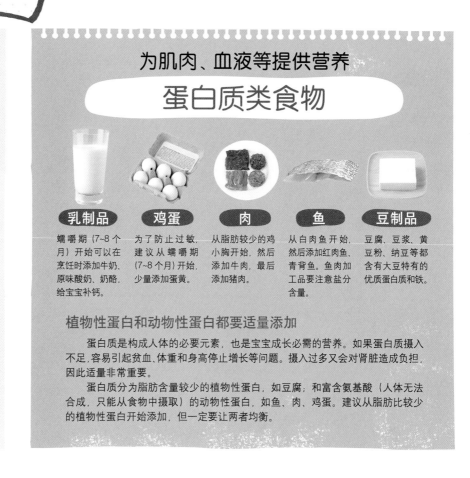

## 为肌肉、血液等提供营养

### 蛋白质类食物

| 乳制品 | 鸡蛋 | 肉 | 鱼 | 豆制品 |
|---|---|---|---|---|
| 蠕嚼期（7~8个月）开始可以在烹饪时添加牛奶、原味酸奶、奶酪，给宝宝补钙。 | 为了防止过敏，建议从蠕嚼期（7~8个月）开始，少量添加蛋黄。 | 从脂肪较少的鸡小胸开始，然后添加牛肉，最后添加猪肉。 | 从白肉鱼开始，然后添加红肉鱼、青背鱼。鱼肉加工品要注意盐分含量。 | 豆腐、豆浆、黄豆粉、纳豆等都含有大豆特有的优质蛋白质和铁。 |

**植物性蛋白和动物性蛋白都要适量添加**

蛋白质是构成人体的必要元素，也是宝宝成长必需的营养。如果蛋白质摄入不足，容易引起贫血、体重和身高停止增长等问题。摄入过多又会对肾脏造成负担，因此适量非常重要。

蛋白质分为脂肪含量较少的植物性蛋白，如豆腐，和富含氨基酸（人体无法合成，只能从食物中摄取）的动物性蛋白，如鱼、肉、鸡蛋。建议从脂肪比较少的植物性蛋白开始添加，但一定要让两者均衡。

### Point 1
### 如果一餐有两种以上蛋白质类食物，注意不要摄取过量

蛋白质是非常重要的营养素，但容易对婴儿的身体造成负担，不能一次烹制太多。建议一顿只包含一种蛋白质类食物，如果是两种，每一种的量要减半。以鸡蛋豆腐粥为例，建议将"1个蛋黄和30g豆腐"调整为"半个蛋黄与15g豆腐"。

### Point 2
### 饭量大的宝宝，建议增加蔬菜摄入量

如果你的宝宝饭量超过了标准量，建议增加蔬菜，这样可以增加咀嚼时间，防止吃得太多。蔬菜可以切得稍大一些，煮得硬一些。吃得太快容易养成饭量大的习惯，要一勺一勺地慢慢吃，细细地咀嚼。确定宝宝已经咽下去之后，再吃下一勺。

### Point 3
### 过了细嚼期，要注意补铁和补钙

细嚼期（9~11个月）之后，宝宝开始每天吃3顿辅食，营养均衡变得更加重要。如果9个月之后依然喜欢母乳，辅食吃得很少，容易缺铁。为了防止贫血，要多摄入红肉鱼、红肉、油菜、羊栖菜、豆腐、黄豆粉等富含铁的食物。

# 制作辅食的必备神器

辅食期不长，但经常需要将食物过滤、碾碎或捣烂；准备一些辅食工具会方便很多。辅食的量都不大，建议选择小尺寸的厨具。

## 烹饪用品

宝宝的辅食，首先要将食材煮得熟烂，之后过滤、捣烂、磨碎等工序也必不可少。至少要有一把量勺用来称重。

### 小锅

**直径14~16cm的小锅**

大锅烹饪时水分蒸发得快，还会因为粘锅引起食材损耗。准备一个小锅，煮粥、煮菜都很方便。

### 小平底锅

**直径约20cm的树脂涂层小锅**

适用于少量的煎、炒。辅食大多不用油，或用少量油，树脂涂层的比较合适。

### 量勺、量杯、电子秤

**称量食材必备**

大量勺（15ml）、小量勺（5ml）各1把。量杯（200ml）1个。电子秤可以精确地称量食材。

### 过滤容器

**做糊状食物很方便**

只能吃软烂食物的吞咽期，需要一个过滤容器，用来去除蔬菜的皮或膳食纤维，也可以用普通的厨房滤网代替。

将容器置于滤网下方

### 研磨碗、研磨棒

**捣烂或碾碎时必备**

粥、薯类、蔬菜、豆腐、白肉鱼等都可以轻松碾碎。研磨时加水更容易操作，还可以调整软硬度。

### 研磨板

**将蔬菜、冻豆腐等磨成均匀的颗粒**

吃多少磨多少，很方便。粗孔磨出较粗颗粒，细孔磨出细腻颗粒，不同辅食阶段可以灵活调整。

### 【 方便的辅食烹饪工具套装 】

包括过滤网、研磨板、榨汁碗、研磨碗、研磨棒等。非常适合加工少量食材，微波炉也可用（图为贝亲的产品）。

# 吃辅食

小碗、勺子、防止弄脏衣服的围兜，都是辅食期宝宝的必备品。关键是方便使用，容易清洁。选对了产品，辅食期到幼儿期都能受益。

## 勺子

**由浅勺过渡至深勺**
**根据宝宝的情况选择**

辅食初期使用

食量增加后使用

辅食初期，这种浅勺子能帮助宝宝更好地含住食物。

宝宝饭量增加后，有一定深度的勺子更方便宝宝学习进食，建议选勺柄更粗短的。

## 餐具

**选择稳定性好、可用于微波炉的材质**

宝宝餐具一般都很小巧，容易抓握，放在餐桌上也比较稳定、不易打翻。选择可用于微波炉的材质更方便。（图为Familiar 的产品）

## 围嘴

**有防漏功能的立体围嘴非常受欢迎**

带有防漏兜的硅胶围嘴或塑料围嘴，可以接住漏出、吐出的食物，清洗也很方便，大大减轻了妈妈的负担。

## 从必需品开始添置

添加辅食之前，确认一下家里现有的物品。如果有现成的，就没必要专门购买。添加辅食的初期，至少要有过滤容器、研磨碗、研磨棒。

至于宝宝餐具，市面上的产品五花八门，各有特点。

陶瓷餐具不易导热，比较重，有一定的稳定性，缺点是很容易碎；木质餐具手感温和，缺点是不能用于微波炉加热；塑料餐具使用方便，但用久了会磨损，还会染上颜色。

建议各位妈妈按照自己的需要选择合适的产品。

至于宝宝吃饭时用的餐椅，大多数的宝宝一开始都坐在妈妈膝盖上吃饭，有的宝宝喜欢椅子，有的却不习惯。这一点不用着急，可以根据宝宝吃饭的情况，决定是否购买宝宝餐椅。

# 我家宝宝用的餐具

*可用于微波炉的小容器*

我的宝宝处于辅食初期，刚开始吃 10 倍粥。我给他用的是 Combi 餐具套装中的小盘子。塑料材质，很轻，微波炉也可以用。

柏原佑香（妈妈）、唯人（儿子·5 个月）

*与大人一样的木质餐具*

这套餐具用的是奈良的木材，与家里大人用的餐具一样。现在我把碗和盘子叠起来用，相当于一个餐盘。

广井琴美（妈妈）、柚奈（女儿·8 个月）

*简单的白色陶瓷餐具*

在杂货店购买的陶瓷餐具三件套。用来分装主食、主菜和水果非常方便。颜色是最质朴的纯白色，凸显菜品的颜色，我很喜欢！

白井彩可（妈妈）、杏树（女儿·10 个月）

# 做辅食的基本方法

这里总结了 6 条做辅食的基本方法。掌握了这些方法，妈妈会轻松很多。

## 基本方法 1 ▶ 过滤

为吞咽期的宝宝做软烂的食物时，滤网必不可少。食材的硬块和膳食纤维被网眼剔除，比直接碾碎口感更好。

### 过滤西红柿

将煮烂的西红柿连皮切成小块，放在滤网上，用勺背碾压，皮和种子自然就留在了滤网上。

### 过滤西蓝花

西蓝花的花蕾部分即使煮烂了，还是会有一定的颗粒感。在滤网上压碎，取滤过的部分即可。

## 基本方法 2 ▶ 研磨

这是制作吞咽期和蠕嚼期辅食常用的方法。研磨煮至软烂的食物，达到没有硬块的状态，除掉多余水分，调节食物的软硬度。

### 研磨南瓜

南瓜及薯类食物煮烂后趁热倒入研磨碗，用研磨棒碾碎其中的硬块。研磨碗的细缝中容易积攒食物，建议多煮一些备用。

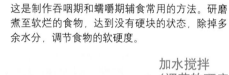

### 加水搅拌（调节软硬度）

食物研磨后水分会变少，口感有些粗糙。建议加一些水、高汤或牛奶等拌匀。

## 基本方法 3 ▶ 磨碎

根茎类蔬菜煮熟之后磨碎，可以达到绵软的口感。煮熟后冷冻的菠菜、土豆、苹果、冻豆腐、面包等都可以采用这种方法。

冷冻成棒状

### 磨碎菠菜

菠菜富含膳食纤维，过滤起来非常麻烦。煮熟后，用保鲜膜卷成棒状冷冻一下，磨起来就方便多了。

### 磨碎胡萝卜

胡萝卜煮熟后磨碎，口感会变得更加柔滑。如果冷冻一下，磨起来会更方便。

## 基本方法 4 碾碎、压碎

蠕嚼期之后，宝宝的咀嚼能力增强了，要将食物捣碎或碾碎。蔬菜可以碾碎、鱼肉可以压碎，不同食材各施其法。

### 碾碎香蕉

建议用叉子碾碎香蕉。煮烂的薯类、南瓜、豆腐等，都可以用叉子碾碎。

从塑料袋上方碾压

### 碾碎胡萝卜

建议将煮熟的胡萝卜放入塑料袋，用研磨棒滚动碾压，达到想要的细腻程度。

### 压碎鱼肉

将煮熟的鱼肉放在餐盘里，用叉子一边压碎，一边检查有没有鱼刺混入。

### 搅拌

压碎后的鱼肉口感会有些粗糙，可以加入米粥、糊状的薯类、酸奶等搅拌均匀。

## 基本方法 5 切丁

蠕嚼期需要将食材切成细丁，随着宝宝的成长，颗粒也越来越大。和先切碎再煮熟相比，先煮熟再切碎的口感更加柔软。

### 胡萝卜切丁

胡萝卜煮熟后，切成薄片，错开摆放在案板上，切成细丝。如果是蠕嚼期的宝宝，建议切成2~3mm的宽度。

将胡萝卜丝聚拢起来对齐，按照均一的宽度切成细丁。

### 西蓝花切丁

西蓝花煮熟后，切下花头部分。如果是蠕嚼期的宝宝，尽可能切成细末，如果是细嚼期的宝宝，建议切成5mm大的颗粒。

纵向和横向都要剁

### 菠菜切丁

绿叶菜的关键是将膳食纤维切碎。充分煮熟后，先纵向切碎，再横向切碎，直至没有较大的叶子。

# 增加黏稠度

想要达到最佳口感，做得黏稠一些是不二法宝。用淀粉可以简单勾芡，用婴儿食品或有黏稠感的食材也可以增加黏稠度。

## 在锅内直接完成

**稀释淀粉**

一般情况下将淀粉和水按照 1:2 的比例稀释就可以。辅食只要用 1/4 小勺的淀粉和 1/2 大勺的水就够了。

**一边搅拌一边倒入锅内**

食材煮熟后关火，倒入稀释好的淀粉，迅速搅拌，再次开火，不断搅拌直至达到理想的黏稠度。

## 使用婴儿专用食品

**加入芡粉搅拌**

将婴儿专用的芡粉与辅食搅拌，就可以轻松得到黏稠的糊状。无须加水稀释，也无须加热，外出携带非常方便。

**巧用白酱**

白酱非常符合宝宝的口味，很适合用来增加黏稠度。与鱼肉和蔬菜搅拌，就做成了诱人的乳白色黏稠状糊糊。

## 自制芡汁

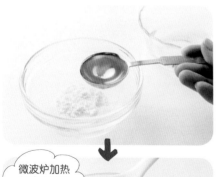

**稀释淀粉**

自制芡汁，直接与食材搅拌也是方法之一。在耐热容器里倒入半小勺淀粉和 3 大勺水，搅拌均匀。

微波炉加热就这么黏稠

**用微波炉加热**

放入微波炉加热 10 秒，取出后搅拌均匀，再加热搅拌，如此反复 3 次。达到理想的黏稠度即可。也可以与汤一起搅拌。

## 使用具有黏稠感的食材

**用香蕉搅拌**

香蕉被碾碎后非常黏稠，而且具有天然的甜味，将它与宝宝不爱吃的蔬菜搅拌在一起，口感会变得很好，宝宝更爱吃。

**用酸奶搅拌**

原味酸奶不仅口感顺滑，而且具有特殊的酸味，宝宝蠕嚼期就可以吃了。适合与肉末或鱼肉等口感较粗糙的食物搅拌。

方便的
小工具

**妈妈更轻松**
# 烹饪小窍门

我们访问了许多资深妈妈，搜集到做辅食的小窍门。利用身边的小工具就能事半功倍，让人大开眼界。

### 茶叶过滤网

处理少量食物得心应手

过滤少量食物不妨用茶叶过滤网。用网眼较大的部分不容易堵。
山下智美（妈妈）、爱菜（女儿·6个月）

### 面条切割刀

切碎面条非常方便

面条切割刀可以把煮好的面条轻松切断，附带盒子，出门也很方便。
西田真子（妈妈）、Maria（女儿·10个月）

### 厨房剪刀

无需案板和刀，剪出任意长度

绿叶菜纵向切条后，再横向剪碎。煮乌冬面时，可以一边剪一边下锅。
小宫祥子（妈妈）、高弘（儿子·1岁）

### 味噌滤网

可以挂在锅边，同时烹煮辅食

蔬菜或意大利面等可以与大人的食物同锅烹煮。挂在锅边很省事。
细井京子（妈妈）、唯香（女儿·9个月）

### 小号刮刀

将碗里的食物刮干净

少量食物残留在碗壁上，会减少宝宝的饭量。小号刮刀可以轻松解决。
幸惠（妈妈）、拓（儿子·8个月）

### 保冷剂

迅速冷却辅食

刚煮好的粥不容易冷却，可以盛在盘子里，盖一层保鲜膜，上面放保冷剂，很快就不烫了。
近藤千穗（妈妈）、凉介（儿子·1岁）

### 压泥器

可以将南瓜等薯类食物简单压成泥

从食物正上方压下去，比用叉子效率更高。不锈钢材质的比较结实。
大庭麻子（妈妈）、春近（儿子·8个月）

### 饭团成型器

盖上盖子摇一摇，迷你小饭团诞生

将米饭盛进去晃一晃，做出3个迷你小饭团。
栗原瞳子（妈妈）、玲都（儿子·1岁6个月）

## 如何烹制粥和软饭

米饭是常见的主食之一。宝宝的辅食一般从 10 倍粥开始，然后逐渐减少水量。一起了解一下做粥或软饭的基本方法。

### 选择较厚的小锅 一次做几天的量

第一次听说"10 倍粥"，可能很多人都不明白。其实很简单，就是米和水按照 1:10 的比例煮的粥。同理，按 1:7 煮的粥叫 7 倍粥；按 1:5 煮的粥叫 5 倍粥。根据宝宝的咀嚼能力，先从 10 倍粥开始，随着咀嚼能力增强，水量逐渐减少以适应宝宝的成长。

此外，烹煮量的多少及锅的大小也会影响粥的质量。一次多煮一些，然后分开储存比较稳妥。锅太大，水分蒸发比较快，直径 16cm 左右的厚锅最合适。下锅之前先把米泡一下，可以缩短烹煮的时间。

慢慢熬出米香固然好，但如果没有时间，可以将煮好的米饭直接煮成粥，或者用电饭锅煮粥，省时省力。

### 用锅煮粥的基本方法

## 煮10倍粥

**1 将米和 10 倍的水倒入锅中**

米淘洗干净后，浸泡 30 分钟。可以按照 2 大勺米对应 300ml 水的比例。
★ 如果是用米饭做粥，放 9 倍的水即可。

**2 大火煮开，小火慢炖**

大火煮开后，改成小火慢炖 30~40 分钟。为防止米汤溢出，建议将锅盖留个缝。
★ 如果是米饭做粥，炖 15~20 分钟即可。

**3 关火焖煮**

关火，盖好锅盖焖 10~20 分钟。如果时间允许，一直静置到冷却，因为余热会使米粒变得更加饱满、柔软。

## 煮粥时米与水比例一览表

逐渐减少水量 →

|  | 用米煮<br>（米:水） | 用米饭煮<br>（米饭:水） | 辅食时期 |
|---|---|---|---|
| 10倍粥 | 1:10 | 1:9 | 吞咽期前半段~吞咽期后半段 |
| 7倍粥 | 1:7 | 1:6 | 吞咽期后半段~蠕嚼期前半段 |
| 5倍粥 | 1:5 | 1:4 | 蠕嚼期后半段~细嚼期前半段 |
| 软饭 | 1:2~3 | 1:1.5~2 | 细嚼期后半段~咀嚼期后半段 |
| 米饭 | 1:1.2 | — | 咀嚼期后半段 |

※ 用米饭直接做粥时，因为米饭本身就含有一定水分，所以水量要适当减少。
※ 表中数据仅供参考。量的多少及火候大小都有影响，请根据实际情况调整。煮得多一点更好把握水量。

## 煮10倍粥的小窍门

### 用过滤网使粥更加顺滑

在吞咽期，尤其是初期，用过滤网过滤一下可以使米粥更加顺滑。将煮好的10倍粥倒在过滤网上，用勺子挤压即可。

### 力求达到浓稠状态

将过滤网背面的米粒刮下来，与米汤搅拌在一起，形成浓稠的状态，对于吞咽期的宝宝来说非常理想。

**小技巧**

利用电饭锅的煮粥功能

在电饭锅内倒入米和10倍的水，选择煮粥程序即可。

**小技巧**

少量的粥可以与米饭一起烹煮

将水和米按照一定比例倒入耐热容器中，放入电饭锅正中央，按下开关，就可以和大人的米饭同时完成！

微波炉加热米饭轻松搞定

# 煮软饭

### 1 米饭加水，用微波炉加热

在耐热容器内盛入100g的米饭和150~200ml水，不必覆保鲜膜，直接放入微波炉加热3分钟。

### 2 覆上保鲜膜蒸一下

加热后，覆上保鲜膜放一会儿。渐渐地水分就会被全部吸收，变成柔软的米饭。

**小技巧**

方便宝宝手抓的软饭海苔三明治

可以用两片海苔夹住软饭，剪成小小的三明治，宝宝抓着吃很方便。

【 **方便携带的婴儿食品** 】

市面上有很多方便携带的婴儿成品粥。独立包装的冲调食品，可以调整热水的量达到想要的稠度。罐头食品保存时间长，而且开盖即食。速食软包装的食品有各种口味，可以满足不同宝宝的需要。

# 制作鲣鱼高汤和蔬菜汤

口味清淡是辅食的基本原则，可口的鲣鱼高汤和蔬菜汤是不错的选择。有时间不妨多做一些储存在冰箱里。

## 亲手制作，简单可口！用制冰格分装并冷冻

鲣鱼高汤或者蔬菜汤既可以作为炖煮的高汤，又可以与捣烂的食物搅拌在一起增加顺滑度，用途非常广泛。加入这些高汤可以让辅食变得更加可口，宝宝的食欲也会增加不少。

鲣鱼高汤的做法非常简单，用昆布和木鱼花①炖煮 2~3 分钟即可。

蔬菜汤底则用容易捣碎的黄绿色蔬菜熬煮。煮过的蔬菜也可以捞出装入袋中，敲碎或碾碎做成菜泥，一举两得。当然，也可以用胡萝卜、卷心菜、洋葱等烹制，如果觉得做成菜泥比较麻烦，也可以做成大人吃的蔬菜沙拉。

鲣鱼高汤和蔬菜汤底可在冰箱冷藏保存 3 天，冷冻保存 1 周左右。用制冰格分装保存，使用起来更方便。

## 以昆布和木鱼花为食材

### 和风鲣鱼高汤

**【食材（容易制作的分量）】**
昆布…10cm　木鱼花…2袋（10g）　水…2杯

**1 昆布用水煮开**

锅内加入水、用湿布擦拭过的昆布，中火煮 15~20 分钟。

**2 捞出昆布，倒入木鱼花**

即将煮开前捞出昆布，待沸腾后倒入木鱼花，小火煮 2~3 分钟后熄火。

**3 用滤网过滤**

把厨房纸巾垫在滤网上，待木鱼花沉到锅底后，过滤。

---

**小技巧** 用水浸泡昆布也可以

将昆布放入容器中，加满水后无须加热，放入冰箱冷藏 2 小时至 1 晚，就可以作为高汤使用。

**小技巧** 用热水冲泡木鱼花就成了速食鲣鱼高汤

在耐热容器中倒入 1 小包木鱼花（5g），加开水泡 5~10 分钟，然后用茶叶滤网过滤即可。需要制作少量高汤时，推荐用这个方法。

①昆布和木鱼花都是制作日式高汤的重要食材。日语中的昆布指海带科的多个物种，大多产自北海道，富含谷氨酸。木鱼花是鲣鱼干刨成的薄片，富含肌苷酸，常用于增加鲜味。

## 蔬菜和汤汁都有用
# 制作蔬菜汤

【食材(容易制作的分量)】
胡萝卜…半根
洋葱…1/4 个
南瓜…1/8 个
西蓝花…1/4 个
水…2 杯

### 同样的食材,微波炉也可以做

食材的加工方法相同。将蔬菜和水放入耐热容器中,覆上保鲜膜,放入微波炉加热 8~10 分钟,再焖 15 分钟即可。

**1** 切好蔬菜
胡萝卜削皮切成 1cm 厚的片,洋葱切成 1cm 见方的块。南瓜削皮后切成 2cm 见方的块。西蓝花切成小朵。

**2** 先煮胡萝卜、洋葱
锅内倒入胡萝卜、洋葱和水,盖上锅盖用中火煮。

**3** 倒入剩余的蔬菜
煮开之后,倒入南瓜、西蓝花。再次盖上锅盖用小火煮 25 分钟左右,直至胡萝卜变软。

**4** 菜汤分离
用过滤网将菜汤滤出,分离蔬菜和汤汁。

### 碾碎蔬菜,做成菜泥

 →

将煮熟的蔬菜装入密封袋,用擀面杖敲碎、碾碎至需要的程度。分装好放入冰箱冷冻,需要的时候解冻使用,非常方便。

### 蔬菜汤用制冰格冷冻保存

将蔬菜汤倒入制冰格,待完全冷却后,放入冰箱冷冻。冷冻后,移至密封袋冷冻保存。

### 冷冻储存两种高汤

鲣鱼高汤和蔬菜汤
我家同时冷冻了鲣鱼高汤和蔬菜汤,都是用制冰格冷冻成小块,再装进密封袋保存。煮乌冬面时用鲣鱼高汤,做意大利烩饭时用蔬菜汤。宝宝的辅食不再单调!

桥本薰(妈妈)、结和(儿子·1 岁)

# 添加辅食前的 Q&A

当宝宝到了要添加辅食的月龄，很多妈妈会有这样那样的顾虑。这里通过问答形式为妈妈们打消疑虑。

**Q** 宝宝母乳一直吃得很好，可以晚一些添加辅食吗？

**A** 最晚 6 个月必须开始添加辅食

母乳对宝宝来说是最完美的食物，但并不意味着可以无限制地吃下去。毕竟母乳的营养成分会随着宝宝的成长减少（参见 P6）。建议最晚到 6 个月必须添加辅食，因为膳食中有很多宝宝成长必要的营养。

另一方面，如果添加辅食太晚（晚于 7 个月），进展会不太顺利，也不利于宝宝咀嚼能力的发育。一般来说，如果宝宝在 1 岁半之前没能学会咀嚼，以后学起来难度会更大。为了锻炼宝宝的进食能力，建议从 5~6 个月开始添加辅食。

**资深妈妈
这样说**

宝宝感冒了，
6个多月才添加辅食

6 个半月左右，正准备给宝宝添加辅食时，她在托儿所被传染上了感冒。只好等感冒好了，勉强赶在 7 个月之前添加了辅食。真后悔没有早点添加。
真纪（妈妈）、结唯（女儿·7 个月）

**资深妈妈
这样说**

儿子食欲很好
但还是到5个月才添加

儿子 4 个月的时候体重达到了 8 千克，正如书里说的那样，开始对大人的食物产生了兴趣。这时也可以添加辅食，但我还是忍到了满 5 个月的那天才开始。
亚沙子（妈妈）、新（儿子·6 个月）

**Q** 宝宝 4 个月的时候就长得很大很结实，身边人建议给他添加辅食，可以吗？

**A** 过早添加会对宝宝的身体造成负担，建议 5~6 个月再添加

添加辅食的时机不是宝宝的体重多少，而是宝宝的发育水平。P30 有具体的判断根据，如果都达到了就可以添加。

也有一些妈妈提前添加辅食是因为宝宝吃母乳或奶粉太胖了，希望能通过辅食改善。这是错误的观念，一来这个月龄的孩子即使很胖也不属于肥胖，二来这与宝宝将来是否会肥胖没有因果关系。另一方面，4 个月以前婴儿的肠胃发育还不健全，过早添加容易引起过敏。

**Q** 宝宝是早产儿，开始添加辅食的时间跟其他宝宝一样吗？

**A** 咨询医生，如果有必要，请尽量晚些添加

出生时体重低于 2500 克的宝宝，添加辅食的时间应该是在预产期后的 5~6 个月，而非实际出生日，有时还需要再推迟。但是，如果已经会抬头，或者靠支撑能坐，并且符合 P30 的判断标准，就可以添加辅食了。

出生时体重偏低的宝宝，个体的发育情况差异很大，如果对添加辅食的时间没有把握，请咨询医生。

**资深妈妈
这样说**

宝宝早产两个月
8个月才添加辅食

儿子比预产期早出生了两个月，出生的时候不足 2 千克。他会坐的时候我咨询了儿科医生，在医生的建议下，满 8 个月从粥、草莓泥开始添加辅食。
TM（妈妈）、Y（儿子·10 个月）

Q  添加辅食前，有必要先给宝宝喂果汁练习吗？

A  没有必要喂水或果汁

　　为了让宝宝习惯母乳或奶粉之外的味道，以前确实有给宝宝喂果汁或汤的"准备期"。但是，现在人们发现宝宝不需要特别的准备就可以顺利接受辅食，这个"准备期"也就没有必要了。

　　只要母乳或奶粉吃得好，宝宝不存在水分摄入不足的情况，就不需要额外补充水分。更何况果汁等饮料会导致宝宝糖分摄入过多，有过敏的风险，完全没有必要。

Q  宝宝还没有长牙，可以添加辅食吗？

A  宝宝是用牙龈咀嚼的，完全没问题

　　辅食期的初期，大部分宝宝都没有长牙。1 岁 ~1 岁半，宝宝的门牙才长齐，2 岁半 ~3 岁磨牙才长齐，长牙速度因人而异。

　　宝宝吃辅食时，并不像成年人一样用牙齿咀嚼，而是用舌头碾碎、用牙龈咀嚼。因此，长牙与否不影响辅食添加，但要保证食物的软硬度达到能够用手指碾碎的程度。

Q  喂奶的时间比较随意，辅食时间怎么设定比较好？

A  定好吃辅食的时间，一直保持就可以了

　　原则上，将某一次喂奶替换成辅食就可以了。但 5~6 个月时，很多宝宝的吃奶时间还不固定，可以选择一个比较充裕的时间点，比如上午 10 点。设定好辅食时间后，要做到吃辅食前 2~3 个小时不哺乳，让宝宝有点饥饿感。

　　一旦辅食时间定好了，就要尽量保持不变。随着哺乳次数减少，辅食次数增加，宝宝的饮食慢慢就会形成规律。

Q  粥和母乳是完全不同的味道，宝宝会喜欢吗？

A  粥有大米的香甜口感，宝宝很容易接受

　　婴儿一般喜欢甜味、鲜味、咸味，讨厌苦味、酸味。粥是有甜味的，大部分宝宝都很容易接受。

　　如果粥煮得很顺滑，宝宝依然不爱吃，可以加一些母乳或奶粉。还可以用香蕉和红薯代替粥，这些都是提供热量的食物，只要捣烂碾碎就可以了。

Q  宝宝出湿疹了，担心是辅食引起的过敏，可否推迟添加呢？

A  弄清湿疹原因，护理非常重要

　　越来越多的妈妈因为害怕宝宝过敏而推迟添加辅食的时间，或去掉自认为不必要的食物。

　　宝宝是否会出现过敏，要在实际的辅食添加过程中发现，而不是凭空推断。如果出现了湿疹或其他皮肤炎症，不要自行判断是否为食物过敏，应及时就医，细心护理。

详见下页

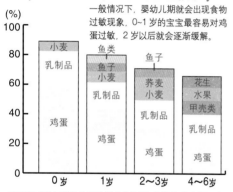

让我们正确认识

# 宝宝的食物过敏

如果因为担心宝宝食物过敏，就不让宝宝尝试某种食物，会造成宝宝营养不良。让我们了解一下婴儿食物过敏的真相。

## 什么是食物过敏？

### 身体对摄入的食物判定为"异物"而产生的不良反应

食物是人类生存的必需物质，但有时身体会将摄入的食物判定为"异物"，作出一些排斥的反应，就是我们常说的食物过敏。

最容易引起宝宝过敏的食物是鸡蛋、牛奶（或乳制品）、小麦。虽然它们都是富含蛋白质的优质食物，但正是这种蛋白质导致了过敏。

食物进入人体后几分钟至几十分钟内出现的过敏反应称为"即时性过敏"，多表现为发痒、浮肿、荨麻疹等。也可能表现为腹泻、呕吐等消化器官的症状，咳嗽、流鼻涕等呼吸器官的症状，或同时表现为多种症状。

### ▲什么样的食物会引起过敏？▲

一般情况下，婴幼儿期就会出现食物过敏现象，0~1岁的宝宝最容易对鸡蛋过敏，2岁以后就会逐渐缓解。

| (%) | 0岁 | 1岁 | 2~3岁 | 4~6岁 |
|---|---|---|---|---|
| 100 | 小麦 | | | |
| 80 | 乳制品 | 鱼类 | 鱼子 | 花生 |
| 60 | | 鱼子 小麦 | 荞麦 小麦 | 水果 甲壳类 |
| 40 | 鸡蛋 | 乳制品 | 乳制品 | 乳制品 |
| 20 | | 鸡蛋 | 鸡蛋 | 鸡蛋 |
| 0 | | | | |

※ 出自《各年龄段主要致敏食物》(今井孝成、海老泽元宏，2002年·2005年日本厚生劳动省科学研究报告书)

## 婴幼儿期过敏有哪些特征？

### 大部分会自行消失，关键是要有耐心、方法得当

如果检查结果显示宝宝对某种食物过敏，妈妈不必太焦虑，因为婴儿期的食物过敏几乎都可以随着成长得到改善甚至完全消失。事实上，即使是对鸡蛋、牛奶、小麦过敏的宝宝，80%~90% 上小学后也不再过敏。

过敏消失的关键是消化功能的健全。婴儿时期，蛋白质都是以较大分子结构被身体吸收，容易被身体判断为异物，随着宝宝消化功能的健全，对蛋白质分子的消化能力也增强了。如果医生建议你不要在辅食中加入鸡蛋、牛奶，别着急，通常1岁半左右就可以给宝宝少量添加了。最重要的是妈妈放松，有耐心和方法。

## 【判断过敏的流程】

皮肤测试和验血
将疑似造成过敏的食物成分置于皮肤上观察，并检查血液中含有多少造成过敏的抗体等。

↓

食物去除试验
停止摄入疑似造成过敏的食物1~2周。比如，如果怀疑鸡蛋是过敏原，就停掉一切含有鸡蛋的食品。

↓

食物负荷试验
食物去除试验后，如果过敏症状开始减弱，再次添加疑似过敏的等量食物，如果再次过敏，即可判定是对这种食物过敏。

## 如何判断过敏？

### 将检查结果作为参考，进行食物去除、负荷试验

如果宝宝的皮肤出现了湿疹等症状，首先要对皮肤进行适当护理。如果湿疹症状依然没有缓解，再考虑食物过敏。

食物过敏的检查主要通过皮肤测试和血液测试进行。需要注意的是，检查容易出现"假阳性"结果，所以只能作为参考。不能仅根据这个检查就决定不让宝宝进食某种食物。应该对含有疑似过敏原的食物进行进一步的去除试验和负荷试验。如果通过去除试验，过敏症状减轻了，说明这种食物的过敏可能性很高。再进行负荷试验，如果症状再次恶化，那么基本可以确定这种食物是过敏原。

# 辅食全攻略
# 及推荐食谱

宝宝要添加辅食了！
虽然个体存在一定的差异，
但我们按照月龄详细讲解，
给宝宝循序渐进地添加辅食。
妈妈们疑惑最多的第一个月，
我们进行了特别详细的说明。
书中的食材图片都与实物等大，
还有颇受欢迎的辅食食谱供妈妈们参考。

# 吞咽期（5~6个月）辅食详解

辅食是今后饮食习惯的基础。从黏稠的粥开始，让宝宝们一步步走入食物的精彩世界吧。

## 吞咽期前半段

从 1 勺稀薄顺滑的 10 倍粥开始，循序渐进。

### 宝宝可以添加辅食了吗？

☐ **出生已满5~6个月**
最早 5 个月，最晚 6 个月开始添加辅食。

☐ **会抬头了，或可以在有支撑的情况下坐着**
说明宝宝发育良好。如果可以在有支撑的情况下坐稳，就可以很顺利地接受辅食了。

☐ **看到大人吃饭，表现出很想吃的样子**
宝宝看到大人吃饭，如果有蠕动舌头、咽口水等动作，说明宝宝口腔的肌肉已经发育好了，并为咀嚼做好了准备。

☐ **身体状况稳定、情绪良好**
宝宝的身体状况和情绪时常起伏不定，选择身体、情绪都稳定的时期开始添加吧。

## 以轻松的心情面对辅食初期，宝宝接受勺子就表示成功了

宝宝出生后 5~6 个月，如果可以在有支撑的情况下坐稳，说明可以开始添加辅食了。即使宝宝发育得慢，也应该在 6 个月时添加。妈妈可以选择宝宝身体和心情都很好的时机，将上午或下午的某一个固定的哺乳时间作为辅食时间。

宝宝出生以来一直吃母乳或奶粉，开始接触别的味道时，给身体带来的变化超乎想象。如果宝宝一开始讨厌勺子，或者把食物吐出来，妈妈也不要气馁。毕竟母乳或奶粉保证了一定的营养，即使辅食吃得少也不必担心。添加辅食第一个月的首要任务，就是让宝宝慢慢接受母乳或奶粉之外的味道，并顺利吞咽下去。在辅食初期，妈妈们难免比较紧张，但请放松。喂辅食时，不妨用"香香的粥来啦！""很好吃哦！"等话语来营造愉快的氛围。

## 接近于液体的稀薄辅食便于宝宝吞咽

吞咽期的宝宝还不会咀嚼，舌头也只会前后蠕动，他们会非常努力地喝接近液体的粥，哪怕是很小的硬块都会本能地吐出来。建议用研磨碗或过滤器做辅食。喂宝宝时，建议让宝宝坐在膝盖上，上半身稍微向后倾斜，这样可以有效防止粥从宝宝口中溢出，也方便宝宝吞咽。如果有婴儿餐椅就更好了。

**宝宝的舌头是怎样蠕动的？**
宝宝嘴巴周围的肌肉还没发育好，只能依靠舌头前后蠕动，将黏滑的食物送入口腔深处。

**在哪里喂辅食？**
让宝宝坐在腿上向后倾斜，当宝宝张口时，脖子的角度会让舌头保持平衡，有利于顺利地将辅食吞咽下去。

## 黏滑的10倍粥
## 是辅食的最佳开端

每一个宝宝的第一口辅食都具有纪念意义，将没有过敏风险的、容易消化吸收的10倍粥作为第一口辅食是最理想的。接受了粥之后，再开始添加蔬菜。最初的粥是液状的，然后渐渐过渡到酸奶状，再到含有较大米粒。辅食初期，蔬菜要洗净后煮熟，去除种子碾成泥。膳食纤维较多的蔬菜，需要用滤网过滤。如果还是不够细腻，则需要加一些水，使它变得顺滑黏稠。此外，还可以购买现成的婴儿粥或蔬菜泥。

如果宝宝不爱吃，不必太勉强。即使宝宝一开始将食物吐出来或皱眉头拒绝，只要妈妈用心烹制，以后也会渐渐接受。

## 配合宝宝的接受度
## 缓慢地推进

妈妈希望宝宝多吃点的迫切心情可以理解，但是建议妈妈耐心地等宝宝将食物咽下去，而不是忍不住一勺接一勺地喂。如果宝宝只是用上唇将辅食刮进口中，那就无法练习进食。选择适合宝宝的勺子也很重要。

**用勺子划开后可以
看出空隙**

盛在盘中，用勺子划线后可以看到明显的空隙，随后又立刻消失，这就是理想的吞咽期辅食的稠度。

【 将勺子水平地送进送出是关键 】

宝宝嘴唇咬住勺子

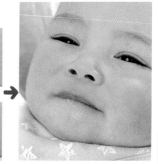

**用勺子轻触下唇**
先用勺子轻轻触碰宝宝下唇，给宝宝一个信号。

**用上唇吞入**
宝宝嘴巴打开后，将勺子水平地放在下唇上，等待宝宝双唇抿起来，自己将辅食吞入口中。

**水平地送进送出**
将勺子缓慢地送进送出，帮助宝宝慢慢学会进食。如果辅食从嘴角溢出，用勺子刮入口中即可。

| 6:00 | 10:00 | 12:00 | 14:00 | 18:00 | 20:00 |

**吞咽期
前半段
一日饮食示例**

选择妈妈和宝宝都比较余裕的时间段开始添加辅食。建议选择上午或下午的某个固定哺乳时间。

辅食必须在哺乳或喂奶粉之前。宝宝吃饱了之后，就不太愿意接受辅食了。

原来如此

31

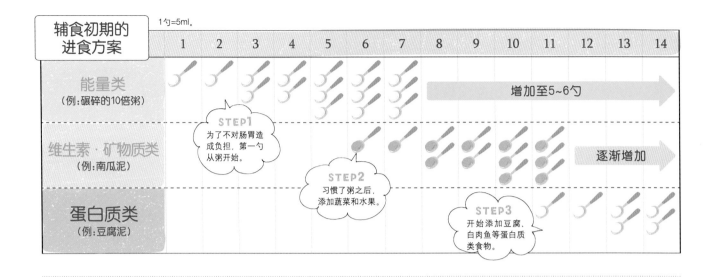

| 辅食初期的<br>进食方案 | 1勺=5ml。 | | | | | | | | | | | | | |
|---|---|---|---|---|---|---|---|---|---|---|---|---|---|---|
| | 1 | 2 | 3 | 4 | 5 | 6 | 7 | 8 | 9 | 10 | 11 | 12 | 13 | 14 |
| 能量类<br>(例:碾碎的10倍粥) | | | | | | | | 增加至5~6勺 → | | | | | | |
| 维生素·矿物质类<br>(例:南瓜泥) | | | | | | | | | | | | 逐渐增加 → | | |
| 蛋白质类<br>(例:豆腐泥) | | | | | | | | | | | | | | |

**STEP1** 为了不对肠胃造成负担,第一勺从粥开始。

**STEP2** 习惯了粥之后,添加蔬菜和水果。

**STEP3** 开始添加豆腐、白肉鱼等蛋白质类食物。

## 第一次接触的食材
## 从1勺开始逐渐加量

添加辅食第一天,宝宝咽下第一口粥的时候,全新的生活就开始了。第2天还是喂1勺,第3天喂2勺……隔天加1勺,以缓慢的节奏帮助宝宝习惯吃粥。接下来,可以试着添加蔬菜。第1天也是从1勺开始。3周后开始添加豆腐。这样1个月的时间宝宝就接触到了3种营养。之后,无论是粥还是蔬菜,宝宝能吃多少就喂多少。蛋白质类的食物不要喂太多,以免对宝宝的内脏造成负担,请遵守建议的喂哺量。

此外,在吞咽期内,任何新增加的食材都要从1勺的量开始逐渐增加。比如第二周,想在南瓜泥的基础上增加胡萝卜泥,就按照几勺南瓜泥、1勺胡萝卜泥的比例搭配。

### 进阶建议

### 添加蛋白质时
### 要把握好种类和量

吞咽期前半段的蛋白质可以完全依靠豆腐,如果宝宝食欲非常旺盛,可以考虑增加白肉鱼等。需要注意的是,鳕鱼容易致敏,建议9个月之后再添加。新加的每一种蛋白质类的食物,都要把控好种类和量。

### 三种营养均衡的
## 推荐食谱

## 豆腐泥

**[ 食材 ]**
嫩豆腐…15g(2cm 见方的 1.5 块)
鲣鱼高汤…适量
水溶淀粉…少许

**[ 做法 ]**
嫩豆腐煮熟后,用研磨棒碾碎,加入鲣鱼高汤搅拌。倒入小锅后,一边加热,一边倒入水溶淀粉搅拌至黏稠状。

## 10倍粥

**[ 做法 ]**
将 40g 的 10 倍粥(参见 P22)盛入碗中。

## 南瓜泥

**[ 食材 ]**
南瓜的黄色部分…10g(1cm 见方的 1 块)

**[ 做法 ]**
南瓜煮熟后碾碎,加入少许煮南瓜的水使之更加顺滑。可以直接喂,也可以与粥混合在一起喂。

# 关于辅食
# 我和宝宝的故事

如何才能顺利地让宝宝接受辅食？请看我们跟踪拍摄育儿杂志《Baby-mo》的读者妈妈和宝宝的辅食故事。

**第1天**

**5个月17天开始添加辅食！**

## 准备10倍粥

第一次见到勺子，孝太郎表情有些意外。第一口粥送入口中，他连口水一起吐了出来。用勺子再次把粥刮进口中后，他把手放进了嘴里……第一次辅食就这样结束了。

---

### 孝太郎小档案

出生时3200g。添加辅食时已经5个半月，可以坐了。

| 体重 | 每日哺乳次数 |
|---|---|
| 5850g | 10次 |

每日辅食时间选在上午9点
孝太郎每天6点半起床。早晨散步后，9点开始吃辅食。

---

**第2天**

## 坚决不放开勺子

当妈妈把勺子送入口中，孝太郎紧紧地抓住勺子，粥也溢了出来……但勺子依然握得紧紧的，妈妈强行将粥刮入口中，他大哭起来。只好喂母乳。

**第3天**

## 粥变得稠了一些

10倍粥太稀，总是从孝太郎的嘴角流出，于是今天妈妈将粥煮得稠了一些。结果宝宝很快就把一大勺吃得精光。

---

**第4天**

## 张开嘴巴乖乖等着

把粥送到宝宝的嘴边，他主动张开双唇等待，似乎明白了这是要给他吃的。

**第9天**

## 第一次吃蔬菜

将磨碎后用微波炉加热的胡萝卜泥与米粥拌在一起，宝宝吃得非常香。

**第11天**

## 似乎不爱西蓝花

把西蓝花的花蕾部分切碎放入粥里喂宝宝，他笑眯眯地吐了出来。嘴边满是小颗粒，吃相令我印象深刻……

**第12天**

## 第一次外出就餐

将粥和蔬菜泥拌在一起用容器装好带出门。以为换了个环境宝宝会不愿意吃，结果吃得很香。

---

**第16天**

## 尝试添加小鱼干

宝宝第一次添加的蛋白质是小鱼干。煮熟后碾碎与粥拌在一起，再加上蚕豆泥，宝宝很爱吃。

**第17天**

## 爱上西红柿和豆腐

宝宝爱上了豆腐拌西红柿泥，反而嫌粥味道太淡，几乎不吃了。

**第19天**

## 饭量变大了

宝宝每天的饭量不固定，但明显吃得多了，一直用的小木碗，现在可以吃下整整一碗。

---

**回顾这一个月**

**From 妈妈**

### 吃得很好，也胖了很多！

一开始粥总是从嘴角流出来，过了10天左右就可以吞下去了。两周左右觉得脸胖了不少，体重也明显增加了，食物的力量果然神奇。

**From 上田玲子老师**

### 略稠的米粥更容易接受

很多孩子一开始不爱喝粥，妈妈加了一些母乳或奶粉就很快接受了。孝太郎似乎更喜欢略稠的粥，妈妈观察得也很仔细。按照目前的情况，很快就可以每天喂两顿辅食了。

---

**第22天**

## 菠菜粥很好吃

将菠菜叶煮熟碾碎拌在粥里，也许是因为大米的香味，宝宝开始爱吃绿叶菜。

**第23天**

## 爱上胡萝卜粥

胡萝卜粥的颜色很鲜艳，而且微甜，宝宝经常吃。今天我加了小鱼干末和木鱼花。

**第30天**

## 和大人一起吃晚饭很开心

今天宝宝白天没吃辅食，晚上和大人一起吃饭，显得很兴奋，吃得很干净。

33

## 吞咽期
## 后半段

添加辅食一个月后，可以增加至每天两顿，并安排在固定的时间。

你的宝宝进入吞咽期后半段了吗？

☐ **每天一顿辅食，宝宝很爱吃**

经过一个月的适应，如果宝宝很爱吃辅食，可以放心地增加至每天两顿。

☐ **能够顺利地吞咽糊状辅食**

如果顺利接受了粥和蔬菜泥，说明对辅食适应得很好。

☐ **除了粥，也能吃蔬菜和蛋白质类食物**

三种营养源的食物如果都接受了，可以增加至每天两顿，并逐渐加大饭量。

## 第二顿不足第一顿的一半也OK

添加辅食一个月后，如果宝宝适应了粥、蔬菜和豆腐的搭配，可以增加至每天两顿。虽然多加了一顿，但并不意味着饭量就要变成两倍。第二顿的量可以控制为不到第一顿的一半。等宝宝习惯了每天两顿，再加量。不过，如果宝宝表现出很强的食欲，可以想吃多少就喂多少，不必太拘泥于参考食量。必须注意的是，蛋白质摄入不能过量，以免对肠胃造成负担。如果宝宝还要吃，就增加碳水化合物和蔬菜。

此外，第二顿辅食也要尽量安排在固定时间，有助于宝宝养成一定的饮食节奏。至于两次辅食之间是否需要间隔一顿母乳或奶粉，其实都可以。但要避开深夜和早晨，两次辅食的间隔最好超过4小时。

如果宝宝总是喜欢抓住喂饭的勺子不放，可以另外准备一把勺子给他玩。

---

## 吞咽期
## 后半段
### 一日饮食示例

第二顿辅食也要和第一顿一样，选择某个之前固定的哺乳时间。关键是两顿辅食要间隔4小时以上。

| 6:00 | 10:00 | 12:00 | 14:00 | 18:00 | 22:00 |
|------|-------|-------|-------|-------|-------|

把握好宝宝空腹和饱腹的节奏很重要。两顿辅食要间隔4小时以上。

开始每天两顿辅食后的

## 推荐食谱

很多宝宝不爱吃绿叶菜，用鲣鱼高汤调味，再增加黏稠度，口感就好多了。妈妈多花心思，辅食就会变得更好吃。

### 10倍粥

【做法】
将 40g 10 倍粥（参见 P22）盛入碗中。

### 南瓜豆腐泥

【食材】
嫩豆腐…20g（2cm 见方的 2 块）
南瓜的黄色部分…10g（2cm 见方的 1 块）

【做法】
1 水煮开，倒入豆腐，煮熟后捞起碾碎。用煮豆腐的水煮熟南瓜，再用研磨棒碾碎，加入汤汁搅拌至黏稠状。
2 将豆腐末和南瓜泥搅拌在一起，盛入碗中。

### 顺滑菠菜泥

【食材】
菠菜叶…5g（1 片）　鲣鱼高汤…少许
水溶淀粉…少许

【做法】
1 将菠菜叶倒入沸水中煮烂，捞起后用研磨棒碾碎，加入鲣鱼高汤搅拌成泥。
2 菠菜泥倒入锅中，一边加热一边倒入水溶淀粉搅拌，直至呈顺滑状态。

## 营养均衡很重要

　　宝宝能够顺利地吞咽辅食后，可以试着减少水分，增加辅食的硬度。吞咽期后半段的辅食状态以酸奶的黏稠度为准，而且除了一贯的顺滑口感，也要慢慢地让宝宝接受略粗糙的口感，比如煮熟后碾碎的白萝卜、胡萝卜等。无法烹制出黏稠感的食材，可以与粥搅拌，或者加入淀粉勾芡，达到宝宝喜欢的口感。

　　开始每天两顿辅食后，妈妈要意识到营养均衡的问题。食材应涵盖主食（能量）、蔬菜和水果（维生素和矿物质）、豆腐或白肉鱼等（蛋白质）这三大类。辅食的量增加后，宝宝的便便会有变化，有的宝宝还会出现便秘或腹泻。只要宝宝情绪良好，食欲正常，就无须担心。

### 练习用舌头碾碎食物 向蠕嚼期过渡

　　辅食变得略粗糙之后，宝宝吃饭时会紧闭双唇，开始用双腮用力，这意味着他即将结束吞咽期。偶尔可以将煮熟的嫩豆腐用勺子压碎了直接喂。把勺子放在宝宝下唇上，让宝宝抿入口中，让他慢慢学会用舌头碾碎食物，为下一阶段做准备。

35

## 维生素·矿物质类食物

### 菠菜 10g

富含维生素、铁、胡萝卜素等，是辅食常用的食材。煮熟后用水洗掉浮沫。吞咽期只取叶子部分，用过滤网加工成糊状。

### 蔬菜

宝宝很容易接受胡萝卜、南瓜等带有甜味的蔬菜。适合作为第一次添加的维生素·矿物质类食材。

### 胡萝卜 10g

胡萝卜中的胡萝卜素含量在蔬菜中名列前茅，可以有效保护皮肤和黏膜组织。削皮后煮烂，碾成泥。鲜艳的橙色可以刺激宝宝的好奇心。

### 西红柿 10g

西红柿的皮很难消化，而且容易粘在喉咙部位，建议用热水烫后去皮去籽。加热后原有的酸味会减弱，香味更浓郁。

### 南瓜 10g

富含胡萝卜素、膳食纤维、维生素 C 和维生素 E。即使加热，其中的维生素 C 也不容易被破坏。和其他食材一起搅拌非常方便。

### 水果

水果的甜味和酸爽的口感，非常适合用来给辅食调味。加热后甜味会更浓郁，很多宝宝都爱吃。

### 香蕉 20g

富含碳水化合物的香蕉，可以作为吞咽期的能量类食物，不过每顿要增加至 40g。为了防止过敏，建议加热后再喂。

能量源

### 苹果 5g

加热后碾成泥，或者用保鲜膜包好加热更省力。苹果富含果胶，可以缓解宝宝大便干涩的情况。

# 蛋白质类食物

## 豆制品

豆制品含有丰富的植物性蛋白，很容易消化吸收。建议从嫩豆腐开始添加。

## 鱼肉

辅食中的动物性蛋白建议从鱼肉开始添加，其中以致敏风险低的白肉鱼为佳。如果能买到放心的生鱼片用鱼肉，则省去了去皮去刺的麻烦。

 ×2

### 豆浆 30ml (2 大勺)

豆浆可以为辅食带来顺滑口感。建议不要放糖，或者选择市面上不含糖的成分单纯的豆浆。含有大量糖分的豆浆不适合作为辅食。

### 真鲷 10g

清淡、没有腥味，可与其他食材搭配，作为吞咽期的白肉鱼辅食非常理想。此外，比目鱼、鲽鱼也可以作为辅食。鳕鱼要等到 9 个月时再添加。

### 嫩豆腐 25g

口感柔软、顺滑，建议作为宝宝最初的蛋白质食物。成人可以吃凉的豆腐，但宝宝必须加热后吃。

### 黄豆粉 30g (1 小勺)

黄豆粉由黄豆碾成粉末而来，同样容易消化吸收。但直接给宝宝吃可能呛着，必须与粥或蔬菜泥搅拌后再喂宝宝。

### 小鱼干 10g (1小勺)

盐分较多，建议先用热水浸泡 5 分钟。吞咽期可以研磨成泥，与米粥或蔬菜泥搅拌在一起。每次只需要很少的量，非常方便。

---

## 肉类

脂肪含量较多的肉类，会对吞咽期的宝宝的肠胃造成负担，不建议添加，豆腐和白肉鱼就足够了。

### ✕ 还不能吃

## 鸡蛋

虽然含有丰富的蛋白质，但是致敏的风险较高，不建议作为吞咽期辅食。鹌鹑蛋也不可以。

### ✕ 还不能吃

## 乳制品

牛奶、酸奶等乳制品在吞咽期也不能吃，如果想烹制牛奶味的辅食，可用奶粉代替。

### ✕ 还不能吃

# 推荐食谱

通过主食与菜品的搭配，平衡摄取三大营养。

## 香喷喷的粥 搭配微甜的汤

稀薄顺滑的粥，加入小鱼干增加鲜味。胡萝卜泥拌豆浆，再加入鲣鱼高汤调味，味道温和又香浓。

## 胡萝卜泥

**[ 食材 ]**

胡萝卜…10g (2cm 见方的 1 块)

豆浆…1 大勺

鲣鱼高汤…2 大勺

**[ 做法 ]**

胡萝卜削皮后煮烂、碾碎，加入豆浆、鲣鱼高汤后搅拌成糊状。

维生素
矿物质

蛋白质

## 小鱼干粥

**[ 食材 ]**

10 倍粥（参见 P22）…30~40g

小鱼干…5g（松松地盛 1 大勺）

**[ 做法 ]**

1. 水开后倒入小鱼干煮熟，捞起后沥干，碾成泥。

2. 将粥盛入碗内，加入小鱼干泥即可。

热量

蛋白质

宝宝一定会吃光光
回味也很香甜

西红柿和鲷鱼的红白搭配很鲜艳，让人非常有食欲。再用香蕉泥作为提供热量的主食，宝宝们都很爱吃。

## 香蕉泥黄豆粉

POINT

黄豆粉不能直接喂给宝宝，必须先与香蕉泥搅拌均匀。

热量
蛋白质

【食材】

香蕉…20g（1/5 根）
黄豆粉…1/4 小勺

【做法】

用研磨碗碾碎香蕉，加入少许热水调得稀一些，再加入黄豆粉。搅拌均匀后喂给宝宝。

## 西红柿鲷鱼泥

【食材】

鲷鱼…5g（1/2 块生鱼片用大小）
西红柿…10g

【做法】

1. 西红柿用热水烫后去皮去籽，切碎。
2. 鲷鱼煮熟后，用研磨棒碾碎，加入鱼汤拌成糊状。
3. 将西红柿泥与鲷鱼泥盛入碗中。

维生素
矿物质
蛋白质

## 豆腐苹果泥

【食材】

嫩豆腐…20g（2cm 见方的 2 块）
苹果…10g（1cm 宽的条状）

【做法】

1. 豆腐煮熟后用研磨棒碾碎，加入汤汁拌匀。
2. 苹果削皮，用保鲜膜包好后放入微波炉加热 10 秒钟，再用研磨棒碾碎。
3. 将苹果泥盛在豆腐泥上。

维生素
矿物质
蛋白质

土豆泥口感黏稠
油菜泥十分顺滑

柔软的豆腐配上酸酸甜甜的苹果泥，宝宝一定很爱吃。主食是土豆泥和宝宝很容易接受的油菜泥。

## 土豆油菜泥

【食材】

土豆…15g
油菜叶…5g（1 片）

【做法】

1. 土豆削皮后煮烂。用同一锅水继续煮油菜叶，捞起沥干后碾成泥。
2. 将土豆碾成泥，加入少许汤汁拌成糊状，与油菜泥一起盛入碗中。

热量

维生素
矿物质

# 走访有吞咽期宝宝的家庭

宝宝们一般坐在哪里吃辅食？妈妈们做一顿辅食要花多长时间？让我们实地走访一下妈妈与宝宝的辅食生活！

**一边观察一边喂**
**确认是否吞下去了**

女儿已经开始吃胡萝卜、红薯、南瓜等蔬菜了，最近在尝试吃菠菜等绿叶菜。蛋白质类食物已经接受了小鱼干和白肉鱼，接下来准备尝试豆腐。她已经形成了自己的喜好，比较排斥有颗粒感的食物，或菠菜这种没什么甜味的蔬菜。所以我会把它们拌在粥里，或加一些小鱼干，或做得黏稠一些。

每次将女儿抱在腿上喂的时候，我都看不清她是否将食物吞下去了。而且喂得久了，她的身体就会往下探，还会抓住勺子或碗不放，不能专注地吃饭。如果我催她好好吃，就更不能顺利地吞下去了。像书上说的那样，一口一口有节奏地喂，好难啊。

## File 1

**6个月宝宝**
**开始吃辅食第14天**

广野樱（女儿）
沙耶香（妈妈）

**DATA**

【身高】66cm
【体重】8000g
【每天哺乳次数】7次
【每天奶粉次数】0次
【每天辅食次数】1次（15：00）
【牙齿颗数】0颗

### 妈妈沙耶香的心得

**1 冷冻食材节省时间**

每次现做现吃非常麻烦，我都是参考辅食书，将一周的量提前做好冷冻上，非常便捷。

**2 市售的水溶淀粉汁**

口感粗糙的食物，淋上市售的水溶淀粉汁搅拌一下就变顺滑了。

**3 电子称**

可以称食材的重量，冷冻食材前可以用它精确地分装食材。因为宝宝刚刚开始吃辅食，所以比较慎重。

## 🕐 15：00的辅食菜单

10倍粥25g、菠菜泥拌小鱼干2大勺。正在努力习惯不爱吃的绿叶菜。

start

**坐在妈妈的膝盖上**

坐在妈妈的膝盖上开始吃饭啦！妈妈说，坐在腿上喂，容易看不清宝宝的嘴。

**成功吞咽**

一直盯着菠菜泥，送到唇边乖乖地张开嘴巴，一下子吞下去。

**吃一会儿就腻了**

喂了一会儿后，宝宝开始抓勺子，坐不住了，身体往下探，没有耐心了。

**7分钟后**

Finish

小鱼干起了作用，菠菜泥几乎吃光了。不过，似乎吃得太多，全吐了。

### 问问专家

From 上田玲子老师

**如果宝宝撑着或噎着，将吃下去的全吐了，是否应该补喂一些？**

**A 明天再喂**

"吐出来了，营养没有吸收进去，要补喂一些"完全没有必要。如果勉强为之，反而把大人和宝宝都弄得精疲力尽。因为是吞咽期，可以次日再喂，确认宝宝的身体状况和辅食的形态非常重要。

# File 2

袴田瑶一郎（儿子）
友佳梨（妈妈）

**5个月宝宝**
**开始吃辅食**
**第21天**

## DATA

【身高】66cm
【体重】7500g
【每天哺乳次数】7次
【每天奶粉次数】0次
【每天辅食次数】1次（11：00）
【牙齿颗数】0颗

## 妈妈友佳梨的心得

### 1 灵活使用制冰格储存食物

做好蔬菜或鲷鱼泥，装到制冰格里冷冻。每次做一周的量。

### 2 粥坚持现煮现吃

我用家乡的大米给宝宝煮粥。用小奶锅每次吃多少煮多少。

### 3 迷你搅拌器很方便

迷你搅拌器能迅速达到想要的黏稠度，简直是辅食利器。

## 问问专家

**From 上田玲子老师**

**听说将食材分开一种一种喂有利于宝宝味觉的发育，是这样吗？**

**A 让宝宝尝试各种味道**

这种说法没有科学根据，让宝宝仔细品味食材混合后的味道也很重要。如果是第一次添加某种食材，想确认宝宝的接受度是有必要的，但习惯了之后，完全可以与其他食材混合在一起，省时省力。

## 宝宝有节奏地张嘴，辅食进展得很顺利

儿子满5个月开始吃辅食。刚开始，宝宝只顾自己吃手指，勺子根本没法送到嘴里，后来我发现用勺子轻碰嘴唇，他就会张大嘴巴。之后，每次我一用勺子触碰嘴巴，他就非常配合地张嘴，基于这种默契，他的辅食添加得很顺利。

现在，每一种食材我都想让他好好品尝，所以基本不会将食材与粥搅拌在一起，而是单独地一种一种喂他吃。每吃一种新的食材，表情都会有变化，仿佛在说"这是什么？""这个味道以前没有尝过嘛！"，特别可爱。目前，我正在观察宝宝爱吃的味道和形态。

## 🕚 11：00的辅食菜单

10倍粥30g、鲷鱼泥配西红柿泥20g、红薯泥20g

**坐上婴儿椅**

每次吃饭，宝宝都非常配合地坐在婴儿椅上。我会把椅子调节到方便他吞咽的角度。

勺子轻轻地触碰宝宝嘴唇后，宝宝乖乖地张口，顺利地吞下。

**用勺子轻碰嘴唇**

**不想吃了就吃手**

每当宝宝不愿意吃了，就开始吃手。只好把他的手指拿开，赶紧喂完剩下的食物。

**15分钟后**

现在可以集中精力吃10分钟了。白肉鱼今天是第三次吃。第一次吃的时候有些不太愿意，现在已经能吃光光了。

"这个时候怎么办？"
关于辅食的
## Q&A
吞咽期
（5~6个月）

**Q** 勺子进入口中后，宝宝总是用舌头顶出来（5个月）

**A** 确认辅食的形态

这种情况下，先确认辅食是否足够顺滑。有些宝宝会排斥稍微有点粗糙的食物。将辅食加工得更细腻一些，大多数宝宝都可以顺利接受。需要说明的是，婴儿有"挺舌反射"，即本能地顶出进入口中的固体食物，这也可以防止婴儿将母乳或奶粉之外的东西不慎吞入。通常，挺舌反射在 4 个月左右就自然消失了，有些宝宝 5 个月依然有挺舌反射，但很快就会消失，妈妈可以再等四五天试试。

**Q** 没吃完的辅食，可以放进冰箱下次继续喂吗？（6个月）

**A** 有细菌繁殖的危险，建议直接倒掉

没吃完的辅食，下一顿也不能再吃了。宝宝的肠胃发育还不够健全，对辅食的卫生要求比大人的食物更高。而且辅食大多营养丰富，水分充足，口味清淡又柔软，为细菌繁殖提供了良好的条件。辅食若盛出时间太长，即使一口未动也应该扔掉。可以一次多做一些，冷却分装后立即放进冰箱冷冻保存。需要注意的是，解冻后要充分加热，一次最多做一周的量。

**Q** 宝宝添加辅食后，大便有点干

**A** 只要宝宝情绪很好，食欲也正常，就无须担心

添加辅食后，如果宝宝精神状态很好，心情也不错，就可以持续下去。开始吃辅食之后，大便变干是很常见的情况。因为一直以来吃的是母乳或奶粉，开始吃辅食后，肠道内的菌群发生了变化。适应一段时间后，大便就会恢复到正常状态。但是，如果发现宝宝不太有精神、拉水样便的话，可能是感冒或细菌感染，要咨询医生。

**Q** 和妈妈做的辅食相比，宝宝似乎更喜欢成品辅食……（6个月）

**A** 吞咽期只吃成品辅食也可以

市售的针对吞咽期的辅食加工成了细腻顺滑的状态，可能比妈妈做的口感更好。所以，这段时期可以完全依靠成品辅食。进入蠕嚼期之后，可以与妈妈亲手做的辅食搭配着吃。

**Q** 想把少量的蔬菜或白肉鱼做成黏稠状，总是不成功……（6个月）

**A** 用米汤搅拌试试

米汤非常适合为少量的食材增加黏稠感，味道清淡、口感顺滑，蔬菜和鱼肉都可以与它搅拌，宝宝也很容易接受。

**Q** 吃辅食之前，宝宝要喝奶粉，哭闹不休（6 个月）。

**A** 将每天吃辅食的时间提前

　　5 个月左右的宝宝可以暂停一下辅食，进入 6 个月再添加。但是 6 个月后，辅食就要坚持下去。如果等到宝宝饿过头了才喂辅食，宝宝会对辅食产生抗拒情绪，更依恋母乳或奶粉。建议将辅食时间提前半小时左右，不要等到宝宝饿过头了再喂。

**Q** 添加辅食的第一个月，每顿只吃几勺，这种情况下可以增加至一天两顿吗？（6 个月）

**A** 只要能接受糊状食物就可以

　　减少辅食的水分，调成略干的糊状，如果宝宝能够顺利地接受，就可以改成一天两顿。开始两顿辅食后，每天摄入量增加了，很多宝宝吃奶的量自然就减少了。建议将宝宝空腹的时间设定成规律的辅食时间，但两顿辅食之间一定要间隔 4 小时以上。宝宝饮食的量忽多忽少，妈妈不必太焦虑，轻松面对就好。

**Q** 宝宝很喜欢吃南瓜和苹果，但不肯吃绿叶菜……（6 个月）

**A** 与带有甜味的食材搅拌

　　婴儿普遍喜欢吃带有甜味的食物，不喜欢苦味和酸味。因为他们本能地认为苦味是有毒的食物，酸味是腐烂的食物，只有反复接触才会逐渐接受。很多宝宝不喜欢绿叶菜的天然苦味，建议与带有甜味的南瓜或苹果，以及香甜的粥搅拌在一起喂。绿叶菜含有膳食纤维，口感较粗糙，要用心烹制得顺滑细腻一些。

**Q** 可以用妈妈尝过的勺子喂宝宝吗？（5 个月）

**A** 会导致宝宝长蛀牙，绝对禁止

　　大人的口腔中有各种细菌，所以大人舔过的勺子绝对不能直接用来喂宝宝，沾有大人唾液的勺子也不可以，会将细菌传染给宝宝。大人用来确认温度的勺子要跟喂辅食的勺子分开，宝宝比较适合用浅勺。

感冒了，还要继续添加辅食吗？

如果感冒引起宝宝发烧、腹泻，没有食欲，辅食可以暂停。生病时，宝宝的身体机能会全力抵抗病菌，消化功能会有所减弱。要注意少量多次地补充水分，以免引起脱水症状。等食欲有所好转后，可以喂一些容易消化的辅食。食欲恢复了，就可以继续添加辅食了。

# 蠕嚼期（7~8个月）辅食详解

宝宝已经吃了 1~2 个月的辅食，基本适应了固体食物。接下来需要逐渐减少水分，并不断尝试新的食物。

**蠕嚼期前半段**

宝宝学会了用舌头碾碎食物。可以尝试适当减少水分，把食物烹制成细小颗粒。

## 根据宝宝的反应，调整食物的形态

宝宝适应了一天两顿辅食后，逐渐形成了饮食规律。这时可以减少食物的水分，比如烹制蔬菜泥或有柔软颗粒感的食物。如果食物一下子变得太硬或块太大，宝宝就无法用舌头和上颚碾碎，直接吞下去很危险。建议一开始只提高某一种食物的硬度，观察宝宝进食的状态，再视情况推进。

同时，宝宝可以吃的食材也变多了。比如金枪鱼等红肉鱼、鲑鱼、鸡小胸、牛奶等乳制品、鸡蛋……蛋白质类食物的种类大大增加。鱼、肉、乳制品等营养丰富而口味浓郁的食物，会让宝宝的辅食变得更加香浓，与蔬菜或粥搭配，可以组成非常丰富的菜单。但是，每次喂宝宝新食材时，建议只喂一勺的量，并且尽量在白天喂。很多宝宝不会立刻喜欢上第一次接触的食物，多喂几次就渐渐接受了。

## 闭上小嘴，用舌头和上颚碾碎食物

用舌头和上颚将食物碾碎，与唾液混合后品出食物的味道，是这个阶段的目标。相对于吞咽期，妈妈在这一阶段准备的辅食，不仅要减少水分，还要夹杂一些柔软的颗粒。宝宝的舌头在口腔中上下左右地活动，用舌头和上颚碾碎食物。

为了配合口腔的碾碎活动，宝宝会更加努力，双脚也会随之用力舞动。这时，就不能让宝宝继续坐在妈妈的腿上吃辅食了，要为他准备餐椅。为了方便宝宝的双脚用力，要将餐椅调节到适当的高度。

**宝宝的舌头是怎么蠕动的？**
宝宝的舌头上下左右地活动。先用舌头将食物顶至上颚，再碾碎。如果你注意到宝宝的嘴角同时收紧或张开，说明他正在用舌头碾碎食物。

**什么样的餐椅好？**
如果宝宝可以自己坐稳，建议准备一个有放双脚位置的餐椅，以便宝宝在用舌头碾碎食物时，双脚配合用力。

## 食物要达到嫩豆腐的柔软度，用手直接碾碎即可

这个阶段，做辅食已经不再需要研磨碗、过滤网等工具了，只要将食物烹制到嫩豆腐的柔软度，用手碾碎就可以了。如果宝宝依然不能适应这种软硬度，可以将食物全部碾碎，只留少量的柔软颗粒，近似果酱的状态，以帮助宝宝慢慢适应。如果宝宝直接吞下去，或者吐出来了，说明还是不够柔软。

蔬菜粥是这个阶段理想的辅食。不仅软硬度正好达到舌头能碾碎的程度，还可以保证营养均衡。制作起来也非常简单，只要将粥与蔬菜、蛋白质类食物一起烹煮，就可以一举摄入三种营养。包括口感比较粗糙的菠菜，只要切成丁放在粥里，宝宝就很容易接受。

这个阶段开始，辅食可以加入一些调料。比如可以用指尖蘸取一点盐，千万不可过量，只要有淡淡的咸味就好。

\嫩豆腐般的绵软形态&用手指即可碾碎的柔软颗粒感/

嫩豆腐的柔软度正好适合宝宝用舌头与上颚碾碎。粥或蔬菜丁也要烹煮至可以用手指轻轻捻碎的程度。

## 喂辅食要配合宝宝的节奏

喂辅食要观察宝宝嘴巴的动态。如果嘴角在活动，说明宝宝在用舌头慢慢地品尝辅食。如果妈妈喂得太快，宝宝来不及用舌头碾碎，就会直接吞咽下去。建议妈妈一边问"小舌头在动吗？""好吃吗？"等与宝宝交流，一边配合宝宝进食的节奏。

注意不要将勺子伸到宝宝口中，轻轻地放在宝宝的下唇上就可以了，当宝宝嘴巴闭合时，将勺子水平地抽出即可。如果为了防止辅食洒落，直接将勺子伸入宝宝口中，就不能帮助宝宝练习自主进食。妈妈的耐心很重要。

【 一勺一勺、慢慢地喂 】

**是不是在用舌头碾碎？**
宝宝用舌头碾碎食物再咽下去，需要几秒的时间，妈妈要确认宝宝口中没有食物了，再喂下一勺。

**喂法有讲究**
选择浅平的勺子，舀好一勺辅食后放在宝宝下唇上，当宝宝闭上双唇将食物送入口中时，将勺子抽出。

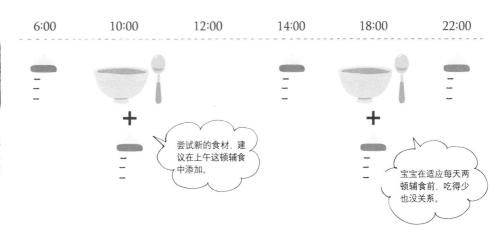

蠕嚼期
前半段
一日饮食示例

养成每天两顿辅食的习惯，两顿之间要间隔 4 小时以上。辅食之外的母乳或奶粉按需喂养，无须定量。

| 6:00 | 10:00 | 12:00 | 14:00 | 18:00 | 22:00 |

尝试新的食材，建议在上午这顿辅食中添加。

宝宝在适应每天两顿辅食前，吃得少也没关系。

### 蠕嚼期
### 后半段

宝宝已经习惯了较软的颗粒，继续保持少量逐渐添加的节奏。

> 进入蠕嚼期
> 一个月了

【 软硬度、大小标准参考 】

**前半段**

以胡萝卜为例，煮熟后切成薄片，碾碎至只有微小颗粒。要注意的是，先切碎再煮的话，不容易变软。

**后半段**

煮软之后，切成薄片，粗粗碾碎。待宝宝适应之后，可以切成3~5mm的小丁。

## 宝宝开始想自己吃

　　宝宝渐渐适应了用舌头碾碎食物，可以将辅食做得比前半段更大一些。妈妈还是要耐心地给宝宝慢慢吃每一口的时间，并努力营造愉快的进餐氛围。

　　这个时期，宝宝们表现出喜欢用手抓食物或抓勺子，妈妈很头疼。这是每一个宝宝实现自主进食的必经阶段。其实，宝宝是通过触摸食物、倒食物、扔食物，甚至用脏脏的小手抹遍全脸等看似不听话的行为，在探索"这个是什么""应该怎么吃"。所以妈妈们可以给予宝宝适当的自由，培养宝宝的自主进食意识。可以在餐椅四周的地板上铺上报纸，方便打扫。

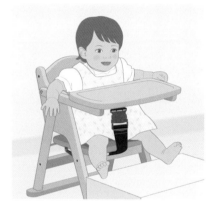

如果宝宝可以坐稳了，选择稳固的餐椅，并将餐椅高度调节至能宝宝的脚有支撑的高度。

### 蠕嚼期
### 后半段
### 一日饮食示例

保持上午一顿、下午一顿辅食。辅食规律形成之后，起床、就寝、午觉、散步等一天的日程就很容易安排了。

| 6:00 | 10:00 | 12:00 | 14:00 | 18:00 | 22:00 |
|---|---|---|---|---|---|

> 母乳或奶粉建议放在辅食之后。

> 第二顿的量渐渐与第一顿的量差不多。

习惯了每天两顿辅食后的

## 推荐食谱

可以将宝宝的饭量增至一顿一碗粥。菜肴只要做得口感顺滑一些，宝宝很容易吃光。

### 5倍粥

[做法]
将 80g 5 倍粥（参见 P22）盛入碗中。

### 豆腐煮菠菜

[食材]
嫩豆腐…25g（1/10 块）
菠菜…5g(叶子 1 片)
鲣鱼高汤…1~2 大勺
水溶淀粉…少许

[做法]
1 豆腐切成 3cm 见方的小块。菠菜叶煮软并碾碎。
2 鲣鱼高汤和豆腐、菠菜倒入锅内煮沸后，加入水溶淀粉。

### 南瓜酸奶

[食材]
南瓜黄色部分…15g
（2.5cm 见方的 1 块）
原味酸奶…30g

[做法]
1 南瓜煮熟，碾碎至掺杂少许颗粒。
2 将酸奶倒入碗中，再将南瓜盛在酸奶上。

## 通过与家人一起用餐
## 度过食欲低迷期

　　随着宝宝身体日益强壮，大脑也在一天天发育。宝宝习惯了现阶段的辅食之后，会渴求更加新鲜的、新奇的辅食，从而导致阶段性的食欲低迷。只要宝宝心情不错，健康状况平稳，就没必要太担心，可以尝试给宝宝添加新食材，或加入少许调料等方法。除了一贯的菜粥，还可以尝试将主食与菜肴分开。此外，与其他宝宝聚餐，或与爸爸妈妈一起吃饭，也有利于营造促进宝宝食欲的氛围。

进阶建议

### 逐渐尝试
### 较硬的食材

从蠕嚼期过渡至细嚼期是辅食期的关键。建议在蠕嚼期的最后阶段，用块状的蔬菜让宝宝提前适应。当然，不是一下子将所有的食材都煮得偏硬，而是偏硬和偏软的食材搭配。如果宝宝实在不愿意吃，也不要勉强，将辅食恢复原来的软硬度即可。

## 蠕嚼期推荐食材
# 与 实 物 等 大

### 每顿的参考量

每顿辅食的参考量是从三类营养源中各选一种食材的标准。如果同一类营养源选择两种或更多食材，每种的量要相应减少。

## 维生素·矿物质类食物

### 蔬菜

每餐蔬菜的摄入量是20~30g。应季蔬菜不仅营养丰富，口味也更好。尽量买应季蔬菜。

### 西蓝花 20g (2小朵)

富含维生素C和胡萝卜素的黄绿色蔬菜。用作辅食时，去掉茎，只取柔软的花蕾部分。蠕嚼期的前半段需要煮熟后碾碎，后半段可以将花蕾剁烂，保留一定的颗粒感。

×2

### 南瓜 20g

用微波炉制作南瓜泥非常方便。将南瓜连皮用保鲜膜包好，放进微波炉加热后，刮下黄色部分，靠近皮的部分营养丰富，不要浪费。

### 卷心菜 20g

富含维生素C，可与任何食材搭配，尤其是春天的卷心菜，叶子柔软甘甜，非常适合作为辅食。

### 白萝卜 20g

不仅富含维生素C和钾，还含有促进消化的酶。用水煮熟能最大程度地保留甜味。靠近皮的部分比较硬，皮要削得厚一些。

### 水果

利用宝宝喜欢甜味的特点，帮助宝宝接受某些食物，是很好的办法。比如将不爱吃的蔬菜和甜甜的水果拌在一起，宝宝可能就会吃光。

### 草莓 10g

甘甜而水分不多的草莓很受宝宝们欢迎。可以将草莓碾碎，拌在酸奶、面包或粥里。

### 海藻

家中应该常备烤海苔片或青海苔等制作便捷的海藻类食物。独特的香味能促进宝宝的食欲。

### 烤海苔 1片

富含胡萝卜素等维生素和矿物质，可以与粥等搅拌。撕碎后放在水中浸泡一会儿，沥干水分，在微波炉中加热一下，就可以制作海苔味的辅食了。

# 蛋白质类食物

## 豆制品

从蠕嚼期开始，就可以给宝宝吃纳豆了。纳豆特有的黏性能够很好地与其他食物混合在一起，妈妈们可以多尝试。

### 嫩豆腐

**40g**

嫩豆腐非常适合让宝宝练习用舌头碾碎食物。待宝宝适应了柔软的碎豆腐之后，就可以切成更大的颗粒，然后是小块，让宝宝练习。

### 纳豆粒

**15g** (1大勺)

纳豆是由黄豆发酵而来的，营养价值比黄豆还要高，也容易消化吸收。在蠕嚼期，建议将纳豆切成小颗粒，加热一下再喂给宝宝。

### 金枪鱼

**10g** (生鱼片1片)

金枪鱼含有丰富的铁、DHA。选择脂肪含量较少的红肉部分，加热后会变硬，可以与粥搅拌使它更加顺滑。

### 金枪鱼罐头

**10g** (1大勺略少)

用金枪鱼罐头，可以非常便捷地为辅食增加丰富的口味。为了减少盐分和油脂的摄入，建议滤掉汁水，无盐配方是最佳选择。

## 鱼类

这个阶段，宝宝可以在白肉鱼的基础上，增加鲑鱼、红肉鱼、金枪鱼罐头等，大大丰富了辅食菜单。

### 鲑鱼 **10g**

鲑鱼属于白肉鱼，但它含有虾青素，所以是橙色的。鲑鱼肉含有丰富的DHA，但脂肪含量比较高，建议蠕嚼期再开始添加。

---

## 肉类

肉类含有优质蛋白质，但是也含有非常多的脂肪。建议从蠕嚼期开始添加肉类，从鸡小胸开始逐渐添加。

### 鸡小胸 **10g**

脂肪含量较少，容易消化吸收，非常适合作为最初的肉类辅食。而且煮熟之后也不会发硬，宝宝容易接受。

## 鸡蛋

从致敏风险相对较低的蛋黄开始添加，待宝宝适应了之后，可以与蛋白一起喂，一定要充分煮熟。

### 鸡蛋 1个蛋黄或1/3个鸡蛋

蛋白中含有一种叫作"卵类黏蛋白"的致敏成分，所以最初应从充分煮熟的蛋黄开始添加。

## 乳制品

这一阶段宝宝可以摄入更多乳制品了。其中，原味酸奶和白干酪无须加热就可以给宝宝吃，非常方便。

### 白干酪

**10g** (1大勺)

白干酪富含蛋白质，而且脂肪和盐分较少，是理想的辅食食材。过滤后的白干酪口感细腻，酸味也较柔和，很适合作为辅食。

## 蠕嚼期
### （7~8个月）
# 推荐食谱

辅食也需要丰富多变的口味，
需要多种食材搭配。今天的
辅食是哪种口味呢？

## 让人放松的
## 传统口味辅食

将加热后更加香甜的白萝卜泥拌在米粥里，再点
缀上鲑鱼肉，配菜里黏黏的纳豆是点睛之笔。

---

## 西蓝花拌纳豆

**[ 食材 ]**

西蓝花…20g（2 小朵）
纳豆碎…1/2 大勺
酱油…少许

**[ 做法 ]**

1 西蓝花煮烂，剁成细丁。纳豆用热
水烫一下。

2 西蓝花丁、纳豆粒和酱油一起倒入
料理盆，搅拌均匀即可。

## 鲑鱼萝卜泥粥

**[ 食材 ]**

鲑鱼肉…5g
白萝卜…30g（3cm
见方的 1 块）
7 倍粥（参见 P22）
…50g
青海苔…少许

**[ 做法 ]**

1 鲑鱼煮熟后，剔除鱼皮和鱼刺，
再将鱼肉碾碎。萝卜削皮后研磨
成泥。

2 锅内倒入 7 倍粥和萝卜泥一起
炖煮。

3 将萝卜泥粥盛入碗中，点缀上鲑
鱼泥，再撒上海苔。

散发着温和的香气
宝宝爱吃的西式食谱

牛奶煮面包散发着淡淡的奶香，配上微甜的卷心菜和香味浓郁的金枪鱼罐头，口味十分丰富。用黄油烹煮的胡萝卜激起了宝宝的食欲。

## 黄油炖胡萝卜

**[食材]**
胡萝卜…15g（2.5cm 见方的 1 块）
黄油…少许　砂糖、盐…各少许

**[做法]**
1　将胡萝卜去皮放入锅中，加水没过，以中火煮至变软。
2　煮软之后再将胡萝卜煮沸，然后加入 1 大勺水、黄油、砂糖、盐再煮一下，最后用铲子等工具将胡萝卜压碎。

## 牛奶面包配卷心菜
## 金枪鱼

**[食材]**
卷心菜…10g（中等大小的菜叶 1/5 片）　金枪鱼罐头…15g
切片面包（去掉面包边）…15g　牛奶…1/4 杯

**[做法]**
1　卷心菜叶煮软，切成细丁；金枪鱼肉从罐头里取出后，用开水烫一下，沥掉水分；面包撕成小块。
2　将面包、1/4 杯水倒入锅中，待面包涨开后点火，煮开后倒入牛奶。即将沸腾时，加入卷心菜和金枪鱼肉，煮开即可。

## 鸡肉菠菜乌冬面

**[食材]**
鸡小胸…5g　菠菜…10g（1 片稍大的叶子）
乌冬面…40g（1/5 块）　鲣鱼高汤…2/3 杯
酱油…少许　水溶淀粉…少许

**[做法]**
1　锅内加水烧开后，放入菠菜煮软，捞起沥干后切成细丁。用同一锅水将鸡肉煮熟，切碎。
2　锅内倒入鲣鱼高汤煮沸，倒入菠菜、鸡肉和乌冬面继续煮，加入酱油调味，最后倒入水溶淀粉搅拌即可。

甜点的诱人香味
让宝宝欲罢不能

乌冬面让人感到温暖，配上鸡肉堪称完美。健康的白干酪与甜甜的草莓拌在一起就成了美味的点心，相信宝宝一定胃口大开。

## 草莓拌白干酪

**[食材]**
草莓…10g（半个）
白干酪…1/2 大勺

**[做法]**
将草莓用叉子碾碎，与白干酪搅拌即可。

# 调查报告

## 走访有蠕嚼期宝宝的家庭

已经适应了辅食的蠕嚼期宝宝，注意力依然不能持续集中，为了让宝宝乖乖吃饭，妈妈们都用了什么妙招呢？

## 坐餐椅和抱着喂，两种方式交替才有胃口

我家的辅食时间是上午8点和下午3点，每次一到这个时间，宝宝就表现出迫不及待等着开饭的样子，看来饮食节奏算是形成了，而且儿子肯坐在餐椅上吃饭也是很大的进步。刚开始吃辅食的时候，都是我抱着喂，后来坐在餐椅上吃饭的时候，明显觉得宝宝长大了很多。

但是，儿子闹情绪或没胃口的时候，就不愿意坐在餐椅里吃饭。我只好抱着喂，没想到立刻愿意吃了，注意力还很集中，勺子伸到面前时还会自己抓着勺柄往嘴里送。看着他这么愿意吃饭的样子，我觉得很欣慰。

## File 1

石桥凛（儿子）
奈月（妈妈）

**7个月宝宝**
开始吃辅食
2个半月

### DATA

【身高】69.3cm
【体重】7975g
【每天哺乳次数】7~8 次
【每天奶粉次数】1 次（120ml）
【每天辅食次数】2 次（8:00、15:00）
【牙齿颗数】0 颗

### 妈妈奈月的心得

**1 坐着舒服的软椅子**

不仅稳固，还非常贴合宝宝的身体，坐上去很舒服，宝宝很喜欢。

**2 用分装容器冷冻**

可标记的辅食专用冷冻容器，可以按照宝宝每顿的量分装好，很方便。

**3 适用于微波炉的辅食分装盒**

不仅可以装辅食，还可以用微波炉加热，非常方便。

## 15:00的辅食食谱

蔬菜粥 50g，南瓜泥拌白肉鱼泥 20g，三文鱼拌土豆泥 50g。

*Start*

### 坐在餐椅上准备开饭了

辅食时间一到，宝宝就有食欲了。我把他抱到椅子上对他说开饭啦，他就会乖乖地等着。

### 和妈妈一起抓住勺柄

勺子一伸到面前，儿子就会跟我一起抓住勺柄往嘴里送。也许想自己吃了吧。

### 餐椅坐腻了就改成妈妈抱

吃了 1/3 后，就开始玩勺子分心了。这时换成妈妈抱，再次胃口大开。

**15分钟后**

*Finish*

一直吃同一个味道，宝宝会腻，于是我就喂几口土豆，再喂几口菜粥，终于喂完了。

### 问问专家

From 上田玲子老师

**下午3点的这顿辅食如果与我的外出时间冲突，是否可以省略掉？**

A **建议将辅食时间定得晚一些**

每天两顿辅食的时间确实不太好定。相对于省掉某一顿，或推迟某一顿，每天在固定的时间喂是最理想的。建议将下午3点的辅食时间改到不容易与外出冲突的傍晚或夜晚。辅食时间只要不选择一大早或深夜，都没问题。

# File 2

本多堇（女儿）
枝里（妈妈）

**8个月宝宝**
**添加辅食3个月**

## DATA

- 【身高】66.2cm
- 【体重】7000g
- 【每天哺乳次数】8 次
- 【每天奶粉次数】0 次
- 【每天辅食次数】2 次（8:00、15:00）
- 【牙齿颗数】6 颗（上面 4 颗、下面 2 颗）

## 妈妈枝里的心得

### 1 利用市售的婴儿食品

猪肝含铁量丰富，但制作起来很麻烦，市面上的婴儿猪肝辅食帮了大忙。

### 2 用海苔给辅食调味

将海苔撕碎，用水泡开，再用微波炉加热，与辅食搅拌在一起，可以提味，让宝宝更有食欲。

### 3 黏黏的纳豆很好用

纳豆特有的黏性适合与蔬菜搭配，喂起来也很方便。买细碎颗粒的纳豆，无须加工即可直接使用。

## 问问专家

*From 上田玲子老师*

**女儿偏爱口感较软的食物，接下来该给她逐渐增加硬一点的食物了，有什么好办法呢？**

 **建议尝试将硬的食物单独给宝宝，不要与其他食物拌在一起**

宝宝进入蠕嚼期，对食物的软硬或口感都会变得敏感。如果在较软的食物里加入硬的食物，宝宝会有异物感而吐出来。建议将较软的食物单独喂给宝宝，如果担心宝宝不爱吃，可以尝试增加黏滑感等办法来改善口感。

## 凉了之后再加热，美味不打折

女儿刚满 5 个月就开始添加辅食了。一开始她不太愿意吃，我尝试了各种办法都不行，后来发现有两个办法很管用。第一个办法就是用微波炉再加热一次。刚开始吃辅食，宝宝吃得很慢，辅食不知不觉就凉了，我就用微波炉再加热一下，没想到吃得很顺利。想想也有道理，毕竟大人也不愿意吃凉的饭菜嘛。第二个办法就是在辅食里加入宝宝爱吃的海苔。方法也很简单，就是将海苔撕碎，用水泡软后与辅食拌在一起。而且海苔营养丰富，是辅食的最佳食材之一。

以前女儿吃得很少，我也担心过，但是最近 3 个月，她爱吃的食物种类增加，饮食方法也有所改变，吃光的次数变多了。相信女儿一定会成为一个爱吃饭的宝宝。

## 🕒 15:00的辅食食谱

加入鸡肉的 7 倍粥 80g、鲣鱼高汤煮洋葱和胡萝卜 20g、纳豆 10g、菠菜泥 10g。

 *Start*

**坐上舒服的餐椅开吃啦！**

乖乖地坐着，勺子一送到嘴边就张大嘴巴接着。

**食欲开始减弱**

闭上小嘴巴，向外吐米粒，看来有些不愿意吃了。用保鲜膜覆上碗，放进微波炉加热 10 秒钟。

**温热的才爱吃**

加热后的辅食温度刚刚好，宝宝的食欲又回来啦！微笑着一口口吃起来。

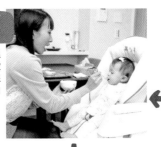

**注意力达到极限**

过了一会儿，宝宝开始抓碗、踢腿，耐不住性子了，妈妈赶紧喂！

**30分钟后** *Finish*

将粥与菜肴混着喂，味道不断变化，加上微波炉又加热了一次，终于吃完了 7~8 个月婴儿的标准饭量。

**"这个时候怎么办？"**

关于辅食的

# Q&A

**蠕嚼期**
(7~8个月)

**Q** 宝宝总是喂多少就吃多少，吃完了还想要，甚至还发脾气（8个月）

**A** 注意宝宝是不是整个吞下去了

宝宝的食欲存在个体差异。米饭、菜肴等辅食能吃多少就喂多少，吃完了还想要的话，建议喂粥或蔬菜。

但如果宝宝吃得太快，要注意是不是没用舌头碾碎直接吞下去了，这样就不容易产生饱腹感。另外，如果是因为食物太硬了，直接吞下去也不可取。一定要每一勺都放在宝宝下唇上，让宝宝自己将食物含入口中，经舌头碾碎后再咽下去。妈妈也要仔细观察，确认后再给下一勺。

**Q** 宝宝吃的胡萝卜、菠菜等还在便便里！（8个月）

**A** 营养已经被身体吸收了，不必担心

已经吃下去的食物，在便便里依然看得很清晰，这是常有的情况，尤其是胡萝卜这样的食物，即使被消化吸收了，色素依然会排泄出去，很明显就能看出来。只要宝宝没有突然拉稀便，就不是消化不良，不用担心。如果宝宝一直情绪很好，也很愿意吃饭，即使便便较硬或较粗，也不用大惊小怪，没必要将辅食做得更软。要知道，随着宝宝咀嚼能力的提高，消化吸收能力也在不断提高。

**Q** 第一次喂新食材，需要注意些什么？（7个月）

**A** 一天最多只喂一种新食材，并且从少量开始递增

一天之内只喂一种新食材，这一点很重要。注意第一顿只喂极少的量，与其他已经吃习惯的食物搭配。然后观察宝宝对这种新食材是否过敏，如果没有过敏，未来的3~4天就可以逐渐加量，并持续观察。很多宝宝会排斥第一次接触的食物，建议妈妈将新食材与宝宝喜欢的食物混合，或烹制得口感好一些。

**Q** 我家宝宝似乎很讨厌水果的酸味，可以不给他吃吗？（8个月）

**A** 没有必要勉强宝宝吃

如果宝宝很讨厌吃水果，可能是对这种水果过敏，没有必要勉强。但是，爽口甘甜又带有芳香的水果非常适合为辅食调味，加热后酸味会减弱，比如苹果、桃子等，不妨一试。

**Q** 宝宝的食欲突然减弱，但精神很好，这是为什么？（8个月）

**A** 这是适应了辅食后常有的情况

随着大脑的发育，宝宝兴趣会变得更加广泛，对于已经习惯的辅食就不再那么感兴趣了，有些宝宝甚至一口都不会吃。建议妈妈增加新的食材、变换新的口感，或带宝宝在外面吃饭，以激发宝宝的兴趣。相信过不了多久，宝宝又会爱上吃饭的。

Q 我家宝宝开始每天两顿辅食后，食谱比较单调，可以每次吃一样的吗？（8个月）

A 建议更换食材，或者参照食谱

如果一直给宝宝菜粥，可以换成米饭、面条或麦片。此外，添加牛奶、黄豆粉、西红柿调味也是不错的选择。这个阶段宝宝能够吃的食物变多了，可以加入鸡蛋、鸡小胸、鲑鱼、红肉鱼、奶酪等丰富食谱。同一种做法，改变食材就会有大不同，妈妈不要有畏难情绪，多多尝试。

Q 宝宝吃饭的时候，总是把手伸到碗里玩（8个月）

A 说明他对食物感兴趣，尽量不干涉他

伸手触摸食物是宝宝充满好奇心的表现。宝宝将手伸到碗里摸食物，是想通过手指和嘴唇了解食物的触感，探索该怎么吃到嘴里。建议妈妈们不要呵斥孩子，尽量让他自由玩耍。可以给宝宝系上防水围兜，在椅子四周地板上铺上报纸等，减少清理工作。但不要让宝宝无止境地玩，玩一会儿之后，就可以收起来。

Q 最近我家宝宝的便便很硬，经常是一个个球，该怎么办？（7个月）

A 给宝宝多补充水分

每天两顿辅食后，母乳或奶粉的量会减少，这会造成宝宝水分摄入不足而引起便秘。建议给宝宝多喝一些水。还可以给宝宝补充含有乳酸菌等益生菌的酸奶，或有利于肠道内益生菌繁殖的低聚糖。同时，要多摄入膳食纤维丰富的蔬菜和水果。除了辅食，宝宝生活习惯的养成也很重要。如果起床、睡觉、吃饭的节奏都比较稳定，便便也会变得有规律。

Q 宝宝长门牙了，辅食的硬度是不是也要增加？（8个月）

A 不能突然变硬，要循序渐进地调整

门牙的作用是帮助我们咬住或咬断食物。即使门牙长出来了，宝宝的咀嚼能力也不健全。他们会渐渐学习如何活动口腔肌肉以配合咀嚼，还会根据食物的硬度和大小找到最佳咀嚼方法。建议不要突然增加辅食的硬度，而是根据各个阶段的参考标准，慢慢地增加。比如在蠕嚼期，食物的硬度最好与豆腐相仿。

## 为什么辅食里不能
## 加蜂蜜和红糖？

因为蜂蜜中容易混入肉毒杆菌，1岁以下的宝宝严禁食用蜂蜜。一般的细菌只要充分加热就可以杀死，但肉毒杆菌即使加热到100℃也不会被杀灭。虽然尚未发现红糖中含有肉毒杆菌，但在制造过程中容易混入，为了安全起见，建议1岁以下不要食用。

# 冷冻和解冻的基本知识

顿顿辅食都现做太麻烦，不如一次多做些冷冻起来。一起了解冷冻、解冻、加热的基本知识吧。

## 冷冻的六大原则

### Rule 1 食材要**新鲜**

如果食材不够新鲜，营养和味道都会打折。建议选择新鲜的食材，最好在购买当天的最佳状态冷冻。

### Rule 2 **加热**后冷冻

从冷冻室拿出后，用微波炉加热一下就可以食用，这是冷冻辅食的优点。将食材切成适当大小，加热后冷冻即可。注意，一定要等加热的食材充分冷却再放进冷冻室。因为热气不仅会让食物生霜、改变口感，还会使冷冻室里的其他食物变质。

> 加热后要充分冷却

> 食物分装储存

### Rule 3 要**严格密封**，防止生霜

如果密封袋中混入空气，不仅会造成食材水分流失、变得干燥，还会使食物酸化，影响口味。建议将密封袋平铺后，插一根吸管将空气吸出，以达到密封状态。

> 用吸管吸出空气，效果非常好

### Rule 4 冷冻的辅食**一周内吃完**

冷冻比冷藏更适合长期保存食物，但食物的质量也会一点点下降。婴儿对食物味道比较敏感，抵抗力又比较弱，建议冷冻的辅食一周内吃完。最好在冷冻当天写明日期。

> 别忘了写上食材名称和保存日期

### Rule 5 喂之前要**再次加热**

冷冻前食材已经加热处理过了，但并不意味冷冻时就不会繁殖细菌。所以，需要再次加热后才能给宝宝吃。用微波炉解冻或加热即可。

> 解冻、加热、同时完成

### Rule 6 厨具要**保证清洁**

冷冻也不能绝对杀灭细菌，所以在烹制食材时，双手和厨具都要保持清洁。尤其是细菌容易繁殖的菜板、菜刀、海绵，要用开水烫一下再使用。

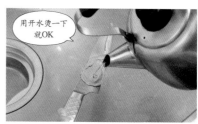

> 用开水烫一下就OK

## 各种容器的 分装冷冻知识

### 制冰格

有盖子的
更易保存

硬质制冰格

**少量均匀地填入鲣鱼高汤、蔬菜泥**

用制冰格保存鲣鱼高汤，以及吞咽期的糊状食物最合适。可以将每格固定为 1 小勺或 1 大勺的量，非常方便。

软质制冰格

**粥、面条等适合用软质制冰格，一捏底部就能取出**

薄而柔软的制冰格非常适合用来冷冻有一定黏性的粥、乌冬面、挂面等，轻轻捏一下就取出来了。

### 保鲜膜

辅食适合
用最小号

**可分装任何食物的
完美工具**

只要不是液体，几乎所有的食物都可以用保鲜膜分装。少量食物选用小号保鲜膜。将食物放在保鲜膜中央，折叠起来即可。

### 硅胶马芬杯

五花八门的

**液体固体都OK！
食物形状不变**

硅胶既耐热也耐冷，非常适合冷冻和微波炉加热。蔬菜煮熟后可以直接盛入杯中冷冻。建议选择有盖子的硅胶马芬杯。

### 密封保鲜袋

带密封条的保鲜
袋开合方便

**分装吞咽期辅食**

吞咽期的粥、南瓜泥、薯泥等装入袋中，压平后，用筷子以一顿的量为单位，压出格状，然后冷冻。取出时，折下其中一块即可。

**将食材加热后分装，
按需取出**

煮熟的蔬菜、鱼肉、肉末等，将水分沥干，装入袋中冷冻。冷冻后可以用手直接揉碎。

**为保鲜膜包好的食物
再加一层保鲜袋**

保鲜膜包好的食物有肉眼看不到的气孔，外面再加一层保鲜袋，保鲜效果更好。

**用制冰格冷冻好后，
移入密封保鲜袋**

用制冰格冷冻好的粥、面条等可以取出直接装入密封保鲜袋，不仅充分保鲜，拿取也方便。

### 分装盒

既可冷冻又能微波炉
加热的材质最佳

**可将一顿的量分装存储**

分装盒用来存储一顿的主食，或食材丰富的汤类非常合适。建议选择可以叠放，适用于冷冻和微波炉加热的。

# 微波炉解冻五大原则

## Rule 1 不是常温解冻，而是**冷冻状态下直接加热**

常温解冻会导致霜化成水，影响食物品质。辅食的量较少，冷冻的状态下直接放入微波炉加热数十秒~3分钟即可。这种直接加热的方式也省时省力。

## Rule 2 糊状的食物，需**加水解冻**

少量的食物解冻、加热后水分容易流失，尤其是粥、南瓜、芋薯类的食物，建议加一些水再加热。而鲣鱼高汤、牛奶、西红柿这种水分丰富的食物不需要加水解冻。

## Rule 3 松散地覆上**保鲜膜**，让蒸汽散去

冷冻的食物必须要充分加热，但是用保鲜膜封好的食物加热后会膨胀，一旦冷又急速紧缩。所以要避免真空状态下加热，松散地覆上保鲜膜，方便蒸汽散去。

蒸汽散去

保鲜膜封得太紧了

×

×

加热过度

### 分装盒内辅食的解冻

如果盖子不可用于微波炉，建议松散地覆一层保鲜膜加热

如果分装盒盖子不可用于微波炉，建议拿掉盖子，松散地覆一层保鲜膜解冻。

如果盖子可用于微波炉，将盖子打开一些再解冻

如果盖紧了解冻，盒子会"砰"地崩开，把盖子打开一些，有利于蒸汽散出。

## Rule 4 加热后充分搅拌，确认是否热透

充分搅拌才能保证微波炉加热均匀。食物是从内部开始发热的，如果加热不充分，外部依然是凉的。建议用勺子搅拌一下以确认是否热透，有必要的话再次加热。

## Rule 5 冷却时不揭开保鲜膜，防止水分流失

加热后，冷却到体表温度即可。把手放在保鲜膜上方就能试温。冷却产生的水蒸气会让食物的口感更加柔软。如果宝宝饿得等不及了，建议在保鲜膜上方放一袋保冷剂，使之快速冷却。

放一袋保冷剂，冷却更快

学会解冻是冷冻的关键

58

**妈妈更轻松**

# 往碗里一倒，微波炉一热，轻松搞定辅食！

冷冻好的辅食往碗里一倒，用微波炉加热一下，热腾腾的辅食就好了。辅食冷冻法不愧是妈妈的好帮手。

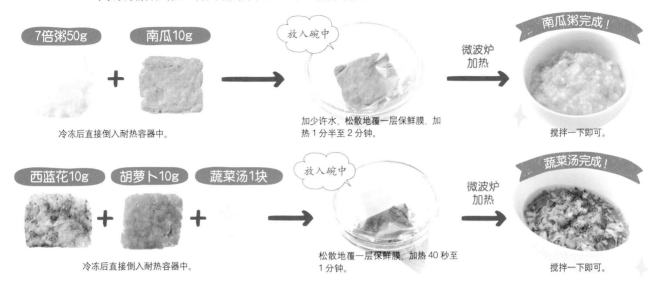

7倍粥50g + 南瓜10g

冷冻后直接倒入耐热容器中。

放入碗中

加少许水，松散地覆一层保鲜膜，加热1分半至2分钟。

微波炉加热

南瓜粥完成！

搅拌一下即可。

西蓝花10g + 胡萝卜10g + 蔬菜汤1块

冷冻后直接倒入耐热容器中。

放入碗中

松散地覆一层保鲜膜，加热40秒至1分钟。

微波炉加热

蔬菜汤完成！

搅拌一下即可。

## 辅食冷冻法让我们受益无穷

### 用食物料理机做好蔬菜泥后冷冻

家里还有2岁的大宝宝，我没有太多时间做辅食。幸好食物料理机让我从繁琐的烹制蔬菜泥的工作中解脱了出来。上图是胡萝卜泥和菠菜泥。

每个孩子都有自己的喜好，我家老二似乎不太喜欢南瓜，今天给他做的是菠菜泥和红薯配蔬菜汁。

胜吉诗织（妈妈）
凑大（儿子·5个月）

### 冷冻室常备两三种蔬菜和粥

用手持搅拌棒与食物料理机就能做蔬菜泥和蔬菜丁。一次做2~3种蔬菜，可以灵活选择吃某一种，还是搭配着吃。

蔬菜鱼干粥、南瓜牛奶、黄豆粉配香蕉。我家宝宝偏爱甜味。黄豆粉也很喜欢。

奥山春香（妈妈）
赖人（儿子·8个月）

### 用硅胶马芬杯分装蔬菜丁和白酱

平时用来做便当的硅胶马芬杯是很棒的辅食小工具。我用它装白酱和根茎类的菜丁等，解冻时，可以连杯子一起加热，非常方便。

上图的两种食物解冻后搅拌均匀，一道白酱拌蔬菜就完成了，和面包搭配吃非常棒。

宇治真弓（妈妈）
阳菜子（女儿·11个月）

# 细嚼期（9～11个月）辅食详解

这个阶段，辅食增加至每天三顿。通过看、抓、尝，宝宝的美食世界又上了一个台阶。

**细嚼期前半段**

可以用牙龈咬碎食物，咀嚼能力进一步得到锻炼。

## 宝宝进入细嚼期了吗？

☐ **豆腐一样软的块状食物，小嘴巴动一动就吃下去了**

如果辅食突然变硬，宝宝容易养成直接吞咽的习惯，妈妈要观察宝宝是不是在慢慢地咀嚼。

☐ **一顿饭能吃下一小碗**

细嚼期的宝宝每顿的饭量是主食加上菜肴达到儿童碗一碗。

☐ **吃香蕉切片时，可以用牙龈咬碎**

这段时期牙龈开始变硬，可以用门牙咬断，并用牙龈咬碎与香蕉硬度相同的食物。

## 辅食增至每天三顿后更要注意营养均衡

进入细嚼期之后，辅食就要增加至每天三顿了。妈妈要制订合理的固定进食时间，帮助宝宝建立良好的饮食规律。这时，母乳或奶粉的量要减少，让辅食成为宝宝摄取营养的主要来源，并按照能量类、维生素·矿物质类、蛋白质类这三大营养源科学搭配每天的辅食。尤其要注意，6个月之后，母乳中的铁含量锐减，过分依赖母乳的宝宝容易出现缺铁性贫血。如果贫血超过3个月，将会对宝宝大脑的发育产生不良影响，所以要注意摄入大豆、鸡蛋、黄绿色蔬菜、红肉鱼、肝脏等含铁丰富的食物。

这段时期很多妈妈苦于宝宝挑食，而孩子不肯吃某种食物大多是由于口感不佳，比如膳食纤维不好咬断的绿叶菜、咬起来太干的肉类等，这就需要妈妈们多花心思，将食物烹制得口感更顺滑。如果是宝宝实在不爱吃的食物，可以隔三差五地喂一次，以保证营养均衡。

## 虽然咬碎的力量很弱，但咀嚼方法与成人几乎相同

这个时期，宝宝嘴巴周围的肌肉更加发达，用舌头无法碾碎的食物，会用两侧的牙龈咬碎，这与成人咀嚼的方式基本一致。但是，由于宝宝的咬碎力量还很弱，不能突然提高食物的硬度。

对于体积较大的食物，宝宝学会了用门牙先咬下一口的量再咀嚼，如果嘴巴里一下子塞太多，会吐出来。通过这样的反复练习，宝宝的进食能力一点点提高，妈妈只要在一旁细心陪伴就好。

**宝宝的舌头是怎么蠕动的？**

这个时期，宝宝的舌头可以前后、上下、左右全方位地活动，舌头碾不碎的食物会用牙龈咬碎。牙龈咬不碎，宝宝就会直接吞进去，这一点要注意。

**在什么地方吃？**

宝宝开始用手抓东西吃，建议将椅子调至可以让宝宝身体微微前倾的角度，还要保证宝宝的脚能放在地板或踏板上，以帮助他用力。

## 食物硬度要慢慢增加，防止宝宝直接吞咽

这个时期，食物的理想硬度是用手稍稍用力可捏碎的程度，和香蕉差不多。太软的话，宝宝用舌头就能碾碎；太硬的话，宝宝用牙龈咬不碎，就会直接吞下去。从蠕嚼期向细嚼期过渡时，尤其要注意食物的硬度，不能突然变硬。要确认宝宝是否在努力咀嚼，再慢慢增加食物的硬度和大小。

不同的食材，可以采用小丁切法、滚刀块切法、薄片切法等，不同的切法对宝宝的咀嚼力也是一种锻炼。而且，这个阶段几乎所有的食材宝宝都可以吃了，可以将大人吃的饭菜做得软一点，味道淡一点，与宝宝分享。辅食的工作也由此变轻松，妈妈可以变着花样搭配汤类、炒菜类、炖煮类、拌焯类等食物，让宝宝的饮食更丰富。

### 以手指捏碎香蕉的硬度为佳

一块拇指大小的香蕉，宝宝能用门牙咬下一口，再用牙龈咬碎，是最理想的食物硬度。

## 选择略深的勺子帮助宝宝练习用嘴唇裹入食物

这一阶段的宝宝不仅口腔周围的肌肉变得灵活，上唇也更有力量了。可以换深一点的勺子，帮助宝宝练习用嘴唇将食物完整地裹入口中。喂辅食时，将勺子放在宝宝的下唇上，等待他闭上嘴巴，将食物送入口中。为了防止食物洒出来，直接送入宝宝口中，就不能帮助宝宝练习咀嚼。尤其是面对食欲旺盛的宝宝，大人很容易一勺接着一勺地直接送入口中，这样不仅起不到咀嚼练习的作用，还无法产生饱腹感。所以，要配合宝宝，让他学会慢慢咀嚼、品尝食物。

### 【 通过脸颊确认宝宝是不是在咀嚼 】

**宝宝在细细咀嚼吗？**
如果一侧的脸颊在动，说明宝宝正在用牙龈咬碎食物。这一口吃完，再喂下一口。

**不要将勺子送到宝宝口中**
注意不要将勺子一直送到门牙里面。送得太深，宝宝会养成直接吞咽食物的习惯。

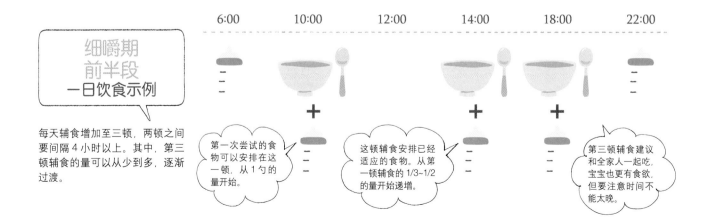

| | 6:00 | 10:00 | 12:00 | 14:00 | 18:00 | 22:00 |
|---|---|---|---|---|---|---|

**细嚼期前半段 一日饮食示例**

每天辅食增加至三顿，两顿之间要间隔4小时以上。其中，第三顿辅食的量可以从少到多，逐渐过渡。

第一次尝试的食物可以安排在这一顿，从1勺的量开始。

这顿辅食安排已经适应的食物。从第一顿辅食的1/3~1/2的量开始递增。

第三顿辅食建议和全家人一起吃，宝宝也更有食欲，但要注意时间不能太晚。

## 细嚼期 后半段

辅食变成早、中、晚三顿, 可以和家人一起在餐桌上用餐了。

### 【 辅食硬度、大小对照 】

**前半段**

将煮软的胡萝卜切成 4mm 见方的小块, 也可以切成扇形的薄片。主食以 4 倍粥为标准。

**后半段**

将煮软的胡萝卜切成 7mm 见方的小块, 或 5~6mm 厚的扇形薄片。主食是较软的米饭。

## 让宝宝自由地用手抓着吃 增进宝宝的食欲

这个时期, 宝宝手指的精细动作有了很大进步, 指尖可以感知食物的温度和硬度。宝宝想自己抓住食物, 难免会把餐桌弄脏, 妈妈可能会苦恼, 但这对宝宝来说是宝贵的练习。他们通过触摸、抓、拍、扔等动作研究如何把食物送到嘴里。建议给予宝宝一定的自由, 不妨在餐椅下铺上报纸, 以减轻打扫的工作量。

为了配合宝宝用手抓食物的兴趣, 可以多做一些容易用手抓的"手指食物"。用眼睛看, 再用手抓, 然后送到嘴里, 这是宝宝的手口协调锻炼。所以辅食中要包含一口大小、方便宝宝自己抓取的食物, 满足宝宝自己吃饭的强烈愿望。

铺上报纸或野餐垫能减轻打扫的工作量, 到别人家做客时不妨带上。

## 细嚼期 后半段 一日饮食示例

适应了每天三顿辅食后, 可以增加时间间隔, 慢慢向大人的饮食节奏靠近。下午可以给宝宝吃一些零食。

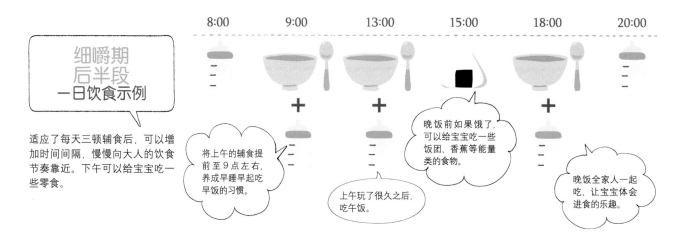

将上午的辅食提前至 9 点左右, 养成早睡早起吃早饭的习惯。

上午玩了很久之后, 吃午饭。

晚饭前如果饿了, 可以给宝宝吃一些饭团、香蕉等能量类的食物。

晚饭全家人一起吃, 让宝宝体会进食的乐趣。

适应了一天三顿辅食后的
## 推荐食谱

辅食更加丰富，形态也更接近大人的饮食。别忘了每餐加一道宝宝可以用手抓的菜。

### 软饭

[ 做法 ]

软饭（参见 P22）80g 盛入碗中

### 豆腐鸡肉小饼

[ 食材 ]
豆腐…10g（2cm 见方的 1 块）
鸡肉糜…15g
盐…少许
淀粉…少许
植物油…少许

[ 做法 ]
1 将所有材料倒入料理盆中搅拌均匀，做成小饼。
2 平底锅内倒入油加热，放入小饼，两面煎成焦黄色即可。

### 南瓜裙带菜味噌汤

[ 食材 ]
南瓜…30g（3cm 见方的 1 块）
裙带菜干…少许
鲣鱼高汤…1/4 杯
味噌…1/4 小勺略少

[ 做法 ]
1 南瓜去皮去籽，切成小块。裙带菜干用水泡开，沥水后切成细丝。
2 锅内倒入南瓜、鲣鱼高汤，用中火煮开，待南瓜变软后，加入裙带菜，最后加入味噌煮开即可。

## 辅食与大人同步
## 妈妈更轻松

当宝宝形成了早中晚三顿辅食的规律后，就可以与大人一起用餐了。青背鱼、红肉都可以吃了，宝宝的食谱可以跟大人的一样，按照主菜、配菜搭配，只要味道清淡、切得小一些、煮得软一些就可以了。这样一来，辅食很容易做到两菜一汤的均衡搭配，妈妈也省力不少。

对于宝宝来说，跟最爱的爸爸妈妈吃一样的饭菜会更加开心，也会让宝宝进食时注意力更加集中。家长不妨时不时用"好吃吗？""这是什么？"等话语与宝宝沟通，形成快乐的用餐氛围。

进阶建议

### 练习使用杯子
### 为咀嚼期做好准备

1 岁之后，宝宝就要开始学着用杯子喝牛奶，而不再用奶瓶了。建议选择适合宝宝的小号杯子，提前练习。练习时，妈妈可以用手协助宝宝将水杯倾斜至水刚刚触到上唇的角度，让宝宝学会用嘴唇控制进入口中的水量，多练习就能顺利地学会用杯子了。

## 每顿的参考量

每顿辅食的参考量是从三类营养源中各选一种食材的标准。如果同一类营养源选择两种或更多食材，每种的量要相应减少。

维生素·矿物质类食物

## 蔬菜

细嚼期前半段标准量为蔬菜或海藻 20g ＋ 水果 10g，后半段为蔬菜或海藻 30g ＋ 水果 10g。要大量摄入黄绿色蔬菜。

### 油菜 30g

宝宝不仅可以吃柔软的叶子，也可以吃茎。油菜没有苦味，宝宝也很容易接受。钙含量在蔬菜中名列前茅。

### 茄子 30g

加热就会变软，甜味也会增加。成年人往往带皮食用，但 1 岁以下的宝宝建议削皮食用，除非煮得非常烂。

### 胡萝卜 30g

建议切成直径 3.5cm、厚 1cm 的块。越靠近皮的地方越有营养，所以皮尽量削得薄一些。胡萝卜等根茎类蔬菜，用水煮熟是基本原则。

### 彩椒 30g

鲜艳的红色或黄色可以激发宝宝的好奇心，富含维生素 C，肉质较厚，且味道甘甜。建议去皮后食用。

## 水果

富含维生素，但糖分也较多，要适量。与蠕嚼期一样，细嚼期的标准量为一天 10g。

### 橘子 10g

剥掉果肉外面的透明表皮后，宝宝可以用手抓着吃。第一次吃最好加热一下，适应后就不用加热了。

## 海藻

富含矿物质。可以常备羊栖菜干、裙带菜干这种干燥的海藻类食物，能够非常方便地为宝宝提供营养。

### 羊栖菜 5g (1大勺)

含有丰富的钙、铁、膳食纤维。用水浸泡后会变得很柔软，非常适合烹煮和炒。与黄豆、鸡肉等优质蛋白质一起烹制，有助于营养的吸收。

# 蛋白质类食物

## 豆制品

蛋白质有助于铁的吸收，而豆制品是特别容易消化吸收的蛋白质。从细嚼期开始，建议妈妈们多给宝宝摄入豆制品。

### 北豆腐 45g

相比嫩豆腐，北豆腐的水分更少。切成块后用平底锅煎一下，是这个阶段的宝宝理想的手指食物。

### 纳豆

**15g多**（1大勺冒尖）

不用切碎，可以直接食用。独特的黏性可以与其他食材很好地搅拌在一起。如果宝宝不喜欢这种黏性，可以做成纳豆炒饭，加热之后黏性就会减弱。

### 鳕鱼 15g

鳕鱼属于没有腥味、容易烹制的白肉鱼，但存在致敏风险，建议等宝宝9个月之后再添加。尽量选择新鲜的鱼肉。

### 竹荚鱼 15g

这个阶段的宝宝可以吃竹荚鱼、沙丁鱼等青背鱼，这些鱼富含EPA、DHA等有助于大脑发育的必要营养成分。竹荚鱼的刺比较多，要注意仔细剔除干净。

## 鱼类

适应了鲑鱼、鲣鱼、金枪鱼之后，进入细嚼期，可以尝试青背鱼。每天的标准是15g。

## 肉类

这个阶段宝宝能吃的肉类增加了，建议选择脂肪较少的部位，让宝宝逐步适应各种肉类。

### 鸡肉糜 15g

除了鸡肉糜，还可以吃鸡大胸，鸡腿肉。每天的摄入标准都是15g。鸡腿肉要去皮，鸡肉糜尽量选择不带皮的鸡大胸。

### 肝脏 15g

富含铁元素，铁是这个阶段的宝宝必须摄入的一种元素。鸡肝、牛肝、猪肝都可以，鸡肝尤其柔软，烹制起来比较容易。

### 牛肉糜 15g

这个阶段的宝宝可以吃牛肉和猪肉的肉糜，建议从牛肉开始添加。

## 鸡蛋

不仅含有优质蛋白质，还含有丰富的维生素和矿物质。

### 鸡蛋 1/2个

这一阶段宝宝可以吃半个鸡蛋了。宝宝们很喜欢鸡蛋特有的淡淡香味，但一定要完全煮熟。

## 乳制品

由牛奶发酵而来的酸奶、奶酪等，其蛋白质和钙更容易吸收。这个阶段宝宝每天的酸奶摄入标准是80g。

### 奶酪

**12g**

用来给辅食提味非常方便，但是脂肪和盐分含量较高，要注意控制摄入量。如果是比萨用奶酪，每天1大勺就够了。

# 推荐食谱

更加接近成年人的饮食。通过多变的美味，促进宝宝味觉的发育。

海鲜味满溢的
鱼肉食谱

用鲣鱼高汤将胡萝卜煮得入味，再与羊栖菜和米饭拌在一起，口味非常丰富。裹上淀粉后煎熟的照烧竹荚鱼，口感更加顺滑。

---

## 羊栖菜胡萝卜拌饭

[ 食材 ]

羊栖菜…1g　胡萝卜…10g (2cm 见方的 1 块)
软饭…70g (参见 P22)　鲣鱼高汤…2 大勺
酱油…1/4 小勺

[ 做法 ]

1 用水泡好羊栖菜，沥干。胡萝卜削皮后切成 5mm 见方的细丁。
2 锅内倒入鲣鱼高汤、酱油、羊栖菜、胡萝卜丁，用中火煮至胡萝卜软烂。
3 料理盆内盛入软饭，与煮好的羊栖菜和胡萝卜丁搅拌均匀即可。

---

## 照烧竹荚鱼配红薯

[ 食材 ]

竹荚鱼…15g　红薯…20g
淀粉…少许　酱油、味醂…少许
植物油…少许

[ 做法 ]

1 竹荚鱼去皮、剔掉鱼刺，裹上淀粉。红薯煮至柔软，切成小小的扇形。
2 平底锅内倒油加热，将竹荚鱼双面煎熟，倒入酱油和味醂，待入味后盛入盘中，最后摆上红薯。

---

## 西红柿沙拉

[ 食材 ]

西红柿…20g (中等大小的 1/8 个)
木鱼花…少许
酱油…少许

[ 做法 ]

1 西红柿用热水去皮去籽，切成 1cm 见方的块。
2 将西红柿块、木鱼花、酱油倒入料理盆内搅拌均匀即可。

口味清淡
适合宝宝没有胃口时

主食是飘着鸡肉香的面条，配菜是富含铁、钙的油菜拌豆腐，而且加了芝麻提味。

## 茄香鸡肉面

**[ 食材 ]**
茄子…20g（中等大小的 1/4 个）面条…20g
鸡肉末…15g
鲣鱼高汤…1/2 杯
酱油…少许
水溶淀粉…1/2 小勺

**[ 做法 ]**
1　茄子去皮后切成 5mm 见方的细丁。面条煮熟后，切成 2cm 的段。
2　锅内倒入鲣鱼高汤煮沸，放入茄子、鸡肉，煮熟后放入面条，倒入酱油调味，最后淋上水溶淀粉。

## 油菜拌豆腐

**[ 食材 ]**
油菜…20g（中等大小的半片）
北豆腐…45g（1/8 块）
鲣鱼高汤…1 小勺
酱油…少许
芝麻粉…1/2 小勺

**[ 做法 ]**
1　油菜煮熟后沥干，切成细丁。豆腐用开水煮熟。
2　用研磨棒将豆腐碾碎，加入鲣鱼高汤、酱油、芝麻粉拌匀，最后与油菜拌在一起。

## 橘子

橘子两瓣，剥皮后放入碗中。

## 煎面包条

**[ 食材 ]**
切片面包（去边）…25~35g

**[ 做法 ]**
将切片面包切成 1cm 宽、3cm 长的条，用吐司炉烘烤一下即可。

## 西红柿炖牛肉

**[ 食材 ]**
牛腿肉切片…15g
西红柿…10g
西蓝花…10g（1 朵）
番茄酱…1/2 小勺
盐…少许
水溶淀粉…少许
植物油…少许

**[ 做法 ]**
1　牛肉用刀背敲一会儿，切成细丝。西红柿用热水去皮、去籽，切成小方块。
2　西蓝花切丁。平底锅内倒油加热，倒入牛肉炒一下，放入西红柿、2~3 大勺水煮开。然后加入番茄酱、西蓝花，待西蓝花变软之后，加盐调味。最后淋上水溶淀粉。

## 奶酪拌彩椒

**[ 食材 ]**
彩椒…20g（1/6 个）
奶酪粉…1/2 小勺

**[ 做法 ]**
1　彩椒去皮，切成细丝，然后煮软。
2　撒入奶酪粉，与彩椒丝拌匀。

浓郁的炖菜
配上酥软的面包

香浓的西红柿炖牛肉，配上酥软的烤面包，再加上颜色鲜艳的奶酪拌彩椒。不仅营养丰富，色泽也非常诱人。

# 走访有细嚼期宝宝的家庭

这个时期的宝宝可以扶着站立，或在大人的帮助下行走，吃饭中途会突然走开或玩耍，因此进餐时间会变长。

## 饭量不固定，令我很苦恼

儿子在辅食初期不喜欢吃粥，只挑自己喜欢的食物。最近的辅食已经涵盖了面条、面包、蔬菜、肉、鱼、乳制品等，这让我很欣慰。但变成一天三顿后，又有了新的烦恼，那就是饭量忽多忽少不固定，而且辅食的内容越来越单调。一想到要做柔软且宝宝容易吃的辅食，脑海里浮现的总是那几样食物，我也正在寻找新的食谱。

最近，儿子表现出想用手抓食物吃，于是我将香蕉切成块让他抓着吃，可是切成手容易抓的大小，放到嘴里就太大了，不好嚼。所以我在寻找一些更方便他用手抓着吃的食物。

## File 1

### 9个月宝宝

**添加辅食
3个半月**

高桥零(儿子)
美树(妈妈)

**DATA**
【身高】72.2cm
【体重】8700g
【每天哺乳次数】3次
【每天奶粉次数】4次(各100ml)
【每天辅食次数】3次
(7:00、12:00、18:00)
【牙齿颗数】8颗(上面4颗、下面4颗)

### 妈妈美树的心得

**1** 电动搅拌棒

我很爱用博朗的搅拌棒来做辅食。可以直接在锅里搅拌，少洗了很多工具。

**2** 出门必备便携碾碎器

便携碾碎器可以把煮熟的蔬菜等碾成适当大小，是我家出门必带的工具之一。

## 🕐 12:00的辅食

鲣鱼高汤茄子面100g、肉末炖芜菁50g、半根香蕉。非常清爽的和风辅食。

### 在最爱的躺椅上开饭啦

从添加辅食开始，儿子就特别喜欢坐在这个躺椅上吃饭，我正在发愁该给他用哪种餐椅呢。

*Start*

**开始不耐烦了**

一会儿扯围兜，一会儿又想从躺椅里爬出来，两只小脚开始踢来踢去。

### 爸爸来啦! 站着吃

这时救兵出现了。由爸爸扶着站着吃，胃口又好了起来。

*Finish*

**30分钟后**

本来以为会吃不完，结果中途又有了食欲。看来有爸爸在，宝宝就能好好吃饭。

### 问问专家

*From 上田玲子老师*

**宝宝不肯在躺椅上好好吃饭，是不是应该换成婴儿餐椅了?**

**A** 关键是要让宝宝的脚有着力点

首先，吃饭的姿势非常重要，因为宝宝用力咬碎食物时，需要双脚用力配合。从蠕嚼期开始，就应该为宝宝准备一个可以让背部伸直，脚可以放在地板或踏板上用力的餐椅。

# File 2

平藤真爱（女儿）
千佳（妈妈）

11个月宝宝
**添加辅食**
**6个月**

**DATA**
【身高】67cm 【体重】7000g
【每天哺乳次数】5次
【每天奶粉次数】0次
【每天辅食次数】3次（7:00、
11:30、18:00）
【牙齿颗数】7颗（上面3颗、
下面4颗）

## 妈妈千佳的心得

**1** 百元店购得的饭团
制作工具

这款饭团制作工具只有手掌
大小，做饭很方便。

**2** 干蔬菜片

女儿很爱喝玉米汤，
相对于罐头，我觉得
玉米片更方便。

**3** 用Costco的密封袋
作为冷冻保鲜袋

在Costco（美国大型连
锁超市）买的大号保鲜
袋用来储存冷冻辅食很
方便，我还用来装牛肉
饼、薄饼等。

## 问问专家

 From 上田玲子老师

**宝宝不爱吃的时候，我会让她停下来，换纸尿
裤或休息一会儿，这样可以吗？**

**A** 宝宝情绪好了，才会有食欲

宝宝一开始吃饭，就会有想便便的感觉。吃饭
中途给宝宝换纸尿裤，虽然繁琐一些，但小屁
股清爽了，心情会变好，食欲也会增加。这样做
虽然会延长吃饭的时间，但积极地帮助宝宝转
换心情，是非常可取的做法。

## 以五花八门的口味
## 陪宝宝度过愉快的辅食时光

女儿刚添加辅食时，胃口并不大。为了增加她的食欲，我想了不少办法，
比如把饭团做成一口大小，方便她抓着吃，或者把蔬菜做成条状，吃起来更
有乐趣。虽然会剩下，但食材种类丰富，营养也不少。此外，我还在外形上
下功夫，不断变换口味，保证女儿一直对吃饭感兴趣。

陪孩子吃饭时关掉电视，成了我家的规矩。最近，女儿可以和我们一起
吃饭，这让我感到很欣慰。吃饭时女儿会情绪高涨，虽然用餐时间延长了，
但是和可爱的女儿一起吃饭，作为父母非常开心。

## 🕐 18:00的辅食

饭团100g、薄煎
饼40g、豆腐鸡肉
饼60g、金枪鱼拌
西蓝花50g、胡萝
卜条3根、玉米汤
30g。

### 很擅长用手抓着吃

妈妈一说"开吃
啦"，宝宝就立刻
抓起饭团开动了，
玉米汤是妈妈喂
的。

### 休息一下

还没吃完，但在她没有闹之前，先暂停一下。
换了纸尿裤，又玩了会儿玩具，换个心情。

### 开始往地上扔，或用手捏着玩

吃了一会儿就开始不老实了，
一会儿把饭团扔在地上，一会
儿又把手伸到盘子里捏菜玩。

### 再次回到餐桌

玩了一会儿，似乎又愿意吃饭了，于
是重新抱回桌边。

### 45分钟后 Finish

饭团和豆腐鸡肉饼比较容易吃，几乎都吃完了。
也许应该趁她愿意吃的时候，把金枪鱼拌西蓝
花喂掉。已经吃得不错了，妈妈很满意。

"这个时候怎么办？"
关于辅食的
# Q&A

**细嚼期**
（9~11个月）

**Q** 宝宝食欲太旺盛，不咀嚼就吞下去了（9个月）

**A** 要注意辅食的形态

宝宝不嚼就咽下去，应该从两方面找原因：一是喂的方法，二是辅食的形态。关于喂法，将勺子放在下唇上，待上唇闭合时抽出勺子，训练宝宝学会自己将食物送入口中。如果食物太硬，宝宝牙龈咬不碎，食欲旺盛的情况下，就会直接吞下去。如果食物太软，用舌头就能碾碎，不需要用牙龈咬碎。还有一种情况，就是辅食做得过于顺滑，宝宝还没来得及咀嚼就咽下去了。建议观察宝宝进食的状态，寻找具体的原因。

**Q** 我的宝宝太爱母乳了，有时候一整天都不吃任何辅食（10个月）

**A** 为防止缺铁性贫血，一天三顿辅食要严守！

对于10个月大的宝宝来说，母乳的营养已经跟不上了。尤其是母乳中的蛋白质和铁元素在大幅减少，所以只吃母乳容易引起缺铁性贫血。不能认为只要母乳次数多，宝宝体重也在增加就没问题。建议妈妈检查辅食的时间、菜单，将辅食的软硬度和大小调整至宝宝愿意接受的程度，还可以通过变换口味勾起宝宝的食欲。宝宝吃辅食的时候，建议爸爸妈妈也在一旁陪同，营造愉快的进餐氛围。

**Q** 宝宝常常在吃饭的时候睡着了，该叫醒他继续喂吗？（9个月）

**A** 不需要，待他醒后再喂，下一顿辅食要相应推迟

辅食变成一天三顿之后，很容易与宝宝的午睡时间冲突，出现吃饭时睡着的情况。这时不用特意叫醒宝宝，待他睡醒后再喂，并将下一顿辅食相应推迟。发现宝宝有点困的时候，立刻给宝宝吃面包等可以用手抓的食物，只需要在下一顿均衡营养就可以了。不过，如果宝宝总是在吃午饭的时候睡着，建议重新制订辅食时间。

**Q** 太忙的时候，一天做三顿辅食实在有些吃不消……（9个月）

**A** 可以利用冷冻辅食，或从大人的饭菜中分一些来节约时间

经常用到的食材，有时间可以提前做好冷冻起来。而且宝宝9个月之后可以吃的食材很多，可以从大人的饭菜中分出一些，只要将大人的菜肴与宝宝的辅食分开加调料，辅食做得清淡就好。

**Q** 如果还没有出牙，也要按照标准量喂辅食吗？（10个月）

**A** 保证辅食的软硬度是可以用牙龈咬碎的程度

出牙时间因人而异。没有出牙的宝宝，要根据他的进食状态，渐渐增加辅食硬度。细嚼期的辅食硬度标准是成熟香蕉的硬度，即使没有出牙的宝宝，用牙龈也可以咬碎。

◯ 虽然宝宝到了可以吃青背鱼的月龄，但我担心他过敏（9 个月）

A 只要保证新鲜，就没问题

　　沙丁鱼、秋刀鱼、竹荚鱼等青背鱼从 9 个月开始才可以吃，不是因为存在致敏风险，而是脂肪含量较高，会对宝宝的身体造成负担。鱼类的油脂中含有丰富的帮助宝宝大脑发育的 DHA、EPA。随着宝宝消化能力的增强，从 9 个月开始就应该积极地为宝宝增加鱼肉的摄入。鱼类的油脂容易氧化，要选择新鲜的鱼，购买当天就要烹制。

◯ 宝宝用手抓着吃时，总是把餐桌周围弄得一塌糊涂（10 个月）

A 建议换成蔬菜条、面包等不易泼洒的食物

　　宝宝用手抓着吃可以促进食欲，逐步学会用勺子，对宝宝来说非常重要。切成条状的煮蔬菜或面包都不易泼洒，可以减少打扫工作。建议每顿辅食中都安排一道可以让宝宝抓着吃的菜，让宝宝尽情练习，其他的可以照常用勺子喂。此外，给宝宝戴上防水围兜，餐椅四周地板上铺上报纸，也可以减少打扫的工作量。

◯ 宝宝吃饭时经常站在椅子上，这样很危险，可是我又无法让他集中注意力吃饭（11 个月）

A 让宝宝扶着矮桌站着喂也可以

　　宝宝集中注意力的时间都比较短。很多宝宝稍微吃一点，注意力就转移到别的地方，或者起身走开。如果宝宝实在不愿意坐在餐椅里吃，站着吃也无妨。但宝宝满屋跑，大人追着喂的情况是不允许的，这样宝宝只会更加频繁地跑动，彻底变成玩耍的状态。要养成大人口头催促，等宝宝返回餐桌再喂的习惯。如果过了 20~30 分钟，宝宝依然不愿意吃，就可以结束这一餐了。

◯ 宝宝辅食和奶粉都很爱，不会引起肥胖吧？（10 个月）

A 只要发育情况符合生长曲线就无须担心

　　只要宝宝的体重增长没有偏离生长曲线就无须担心。即使体重偏重，也不意味着将来就是肥胖人群。辅食喂养的一大原则是尊重宝宝的食欲。婴儿没有必要减肥。只要妈妈谨记控制宝宝的蛋白质摄入，大量摄入蔬菜即可。如果宝宝的体重突然增加，建议咨询医生。此外，不要用奶瓶给宝宝喝大量的果汁，糖分含量较高。

有没有可以
让大脑变聪明的食物？

营养素通过相互作用起到强健身体的效果。均衡摄入碳水化合物、蛋白质、脂肪、维生素、矿物质这五大元素非常重要。在此基础上，9 个月以后的宝宝，可以通过摄入含有丰富 DHA、EPA 的青背鱼，以及含有丰富铁元素的红肉和黄绿色蔬菜、豆制品，为大脑的发育提供必要的营养。

# 婴儿也需要零食吗？

## 一岁开始零食登场！

辅食节奏与成年人基本同步以后，可以增加零食，作为补充营养的第四餐，但要注意甜度。

## 用零食补充辅食之外的营养需求

宝宝学会爬、走以后，会消耗大量的能量和营养。但是宝宝的肠胃较小，每餐的饭量有限，所以三餐之外的营养需求要通过零食补充。

白天可以吃母乳的细嚼期宝宝，没必要补充零食，不过可以偶尔给少量零食，让宝宝练习精细动作。从咀嚼期开始，每天需要补充 1~2 次零食。这对宝宝来说不只是乐趣，也是第四顿辅食。妈妈们要挑选营养丰富的零食，设定固定的时间和量。

### 零食参考量

随着宝宝的成长发育，零食的需求量也要增加，应在不影响主食的前提下，按照参考量逐渐推进。

#### 细嚼期 9~11个月
**每天1次零食**

小饼干
香蕉

婴儿小饼干 6 片 48 kcal+ 麦茶。市售的婴儿零食糖分较少，且容易消化。如果是香蕉，建议半根 43kcal+ 麦茶。

#### 咀嚼期 1岁~1岁半
**每天2次零食**

##### 第一次零食

男孩

每天零食热量应少于150kcal

饼干 5 片 40kcal+ 牛奶 100ml，共 107 kcal。第一次零食适合安排在早饭和午饭之间的 10 点前后。

女孩

每天零食热量应少于90kcal

饼干 3 片 24kcal+ 牛奶 100ml，共计 91 kcal。一般情况下，女孩比男孩的零食量要少一些，可以根据体重和运动量酌情增减。

##### 第二次零食

男孩或女孩都以香蕉半根 43kcal+ 一杯麦茶为标准。第二次零食应安排在午餐和晚餐之间的 15 点前后。

### 咀嚼期 成品零食的上限

图中标注了市售零食的摄入上限，是按照每天 50kcal 来规定的，建议搭配的饮料为麦茶或白开水。

#### 婴儿仙贝

7 片 50kcal。含钙的或蔬菜口味的都可以，味道较清淡，可以放心吃。

#### 巧克力曲奇

1 片 50kcal。一天只能吃一片，热量较高。

#### 蛋糕

1/2

半块。建议一边喝水一边吃，以免噎着。

#### 小馒头

13g 约 50kcal。入口即化，很受宝宝欢迎，但对鸡蛋过敏的宝宝不能吃。

#### 薯片

9g 约 50kcal。盐分和脂肪含量较高，不能吃太多。

#### 布丁

1/4

1/4 块 50kcal。口感柔软，味道也很符合宝宝喜好，注意不能过量。

# 手工小零食食谱

细嚼期
9~11个月

热量
蛋白质

小麦
鸡蛋
乳制品

每餐
47kcal

外酥里嫩的幸福感
## 酸奶烤面包

[ 食材 ]

小面包…1/4 个（15g）
　　┌ 原味酸奶…1 大勺
A ├ 牛奶…1 大勺
　　└ 砂糖…1 小勺

[ 做法 ]

小面包切成薄片，放入耐热容
器内。将食材 A 充分搅拌后倒
入耐热容器中，用烤箱烤 2~3
分钟即可。

细嚼期
9~11个月

热量
维生素
矿物质

每餐
44kcal

口感爽滑的
## 苹果羹

[ 食材 ]

苹果泥…1/8 个
水溶淀粉…2 小勺

[ 做法 ]

锅内倒入 1/4 杯水煮沸，倒入
水溶淀粉，凝固后加入苹果泥
煮一下即可。

咀嚼期
1岁~1岁半

热量
维生素
矿物质
蛋白质

小麦
乳制品

每餐
40kcal

3分钟就能完成的
## 胡萝卜蛋糕

[ 食材 ]

松饼粉…1/2 杯
牛奶…1/4 杯
胡萝卜泥…1 大勺
砂糖…1 小勺
植物油…1/2 小勺

[ 做法 ]

1 将松饼粉、牛奶、胡萝卜泥、砂糖、
植物油倒入料理盆内充分搅拌。
2 搅拌后倒入专用的蛋糕杯或耐热容器
中，用微波炉加热 2 分钟（用蒸锅
加热 15 分钟）即可。

咀嚼期
1岁~1岁半

热量
蛋白质

乳制品

每餐
47kcal

散发着浓浓奶香的
## 奶酪烤土豆

[ 食材 ]

土豆…1/4 个 (30g)
切片奶酪…1/3 片
(7g)
植物油…1/3 小勺

[ 做法 ]

1 土豆削皮后切成 7~8mm 厚的块。
2 平底锅内倒入油，土豆沥水后倒入锅中，
煎至两面呈焦黄色。
3 将奶酪加入锅中，淋入少许水，盖上锅盖，
焖煮至奶酪化开即可。

不断满足宝宝
自主进食的愿望

# 咀嚼期（1岁~1岁半）辅食详解

这个时期是很多宝宝的断奶期，辅食阶段也即将结束。食材的种类和烹制方法丰富多了，要注意营养均衡。

## 咀嚼期前半段

即将走向辅食阶段的尾声，进一步培养宝宝自己吃饭的能力。

### 你的宝宝进入咀嚼期了吗？

☐ **每天早中晚吃三顿辅食**
每天定时吃饭有助于人体规律地分泌消化酶，形成生活规律。

☐ **可以自己用手抓着吃**
用手抓着吃既锻炼了眼睛、手、嘴巴的协调能力，还有助于大脑发育。妈妈要多做一些让宝宝自己抓着吃的辅食。

☐ **和肉丸差不多硬度的食物，可以用牙龈咬碎了吃**
肉丸是这一时期辅食硬度的参考标准，应烹制成牙龈可以咬碎的程度。

## 定好辅食和零食时间，把握好饮食节奏

这个时期，宝宝一天三顿辅食的规律基本稳定了，并逐渐与大人同步。妈妈们要严守早、中、晚每顿辅食的时间。饮食时间一定，午睡、洗澡的时间自然也固定下来，形成有规律的的生活方式。吃完营养丰富的早餐，上午充分活动，晚上就可以睡得很安稳，逐渐形成早睡早起的习惯。

进入咀嚼期的宝宝每天需要消耗很多能量，但每一餐的饭量有限，不够的营养就要由零食补充。这个时期的零食与其说是哄宝宝开心，不如说是非常必要的第四餐。建议零食以碳水化合物为主，并考虑与辅食的营养搭配。零食时间要固定，不影响主餐。

## 通过不同口感的食物全面培养宝宝的咀嚼能力

进入咀嚼期之后，宝宝的口腔肌肉变得十分发达，但是咀嚼力还是不够。需要通过食物的硬度和大小帮助宝宝练习咀嚼能力，以及对软糯、硬脆等不同口感食物的适应能力。比如可以通过柔软的肉丸、大块的蔬菜等不同形态的食物，促进宝宝咀嚼能力的发育。

**宝宝的舌头是怎么蠕动的？**
宝宝吃饭时表情变得更丰富，嘴巴四周的肌肉也变得更发达，可以自由自在地嚼了。但是磨牙还没有长出来，食物的硬度应该以肉丸为标准。

**需要什么样的餐椅？**
宝宝进餐时，需要挺直后背，脚放在踏板上，胳膊肘可以放在餐桌上，要调整好餐椅高度。

74

## 鼓励宝宝自主进食

这个时期要更加鼓励宝宝用手抓着吃，食物的理想硬度以勺子可以压碎的肉丸为佳，形状以方便门牙咬碎的扁平状最佳。如果宝宝表现出想自己拿勺子，就满足他的要求。虽然宝宝会舀得太多，或者送不到嘴里就洒出来，但这都是宝宝学习的过程，要给予鼓励。经过多次练习，宝宝很快就能学会用勺子吃饭了，并且知道自己每一口饭量是多少。要理解宝宝想自己吃饭的心情，找准时机给宝宝喂饭。

此外，这一时期的宝宝还会用手捏碎食物、投掷食物、将吃进去的食物吐出来，这种对食物的好奇心常常让人头疼，但这也是宝宝学习自己吃饭的必经阶段，要尊重宝宝，给他自由。

## 饭后少喝奶粉，改喝牛奶

宝宝成长需要的营养已经有 80% 来自辅食，母乳或奶粉吃得少了也很正常，也可以人为地减少，或者用牛奶代替。1 岁后就可以喝牛奶了，每天的摄入量应该在 300~400ml。建议在饭后喝，或与零食安排在一起，而且改成用杯子，不再用奶瓶了。

1 岁之后的饮食仍要保持清淡。可以与大人吃同样的饭菜，但是调味一定要分开。因为宝宝一旦接触了重口味，就不再愿意吃清淡的了，为了预防将来的一些不良生活习惯，妈妈们要守住口味清淡这一关。

用勺子轻轻一压就碎的扁平状肉丸是最理想的食物形态

柔软度适中的肉丸用牙龈很容易就能咬碎。条状或块状也非常合适。

【 通过用手抓食物掌握自己
每一口的饭量 】

**注意观察宝宝是否在认真咀嚼**

这个时期的宝宝在努力学习咀嚼。要注意宝宝的嘴唇是否左右对称地活动，是否在用牙龈内侧努力咬碎。

**将食物烹制成方便宝宝抓的大小**

饭团、黄瓜条、三明治等非常适合这个时期的宝宝用手抓着吃。

---

7:00　　10:00　　12:00　　15:00　　18:00　　20:00

**咀嚼期
前半段
一日饮食示例**

养成一日三餐＋1~2 次零食的饮食习惯，按时进餐。最重要的是，早餐要安排在上午 7 点至 8 点。

早餐对于一天的生活节奏，以及上午的精神状态至关重要。

午饭建议安排在中午 12 点左右。

三餐已经固定的宝宝，这时可以再加一餐。

晚餐应该在 18~19 点，不要太晚。

## 咀嚼期
## 后半段

通过变换烹饪方法丰富宝宝的口味，但口味清淡的基础要打好。

**前半段**

6mm 见方的块状比较理想，硬度参照用勺子能轻易切碎的肉丸。

**后半段**

5mm 厚的半圆形，或 8~10mm 见方的块比较理想。食物的大小和硬度可以根据宝宝咀嚼力的发展而变化。

## 一家人一起进餐
## 将吃饭的乐趣传递给宝宝

随着宝宝一天天长大，对食物的兴趣也越来越广泛。新的口感、新的味道、颜色丰富的摆盘……妈妈多花一些心思，宝宝就更喜欢吃饭。同时，"宝宝吃得真好"等鼓励的话语也很重要。总之，愉悦的心情能促进宝宝的食欲。

几乎所有的食物宝宝都可以吃了，煮的、炒的、炸的都可以。所以，食材可以与大人相同，只要做得清淡些、煮得软一些，很容易做出营养丰富的两菜一汤。跟大人吃一样的饭菜，不仅让宝宝心情好，还有助于促进宝宝的食欲。

1岁半的宝宝能熟练地用勺子吃饭了，但叉子不利于宝宝锻炼咀嚼力，暂不建议使用。

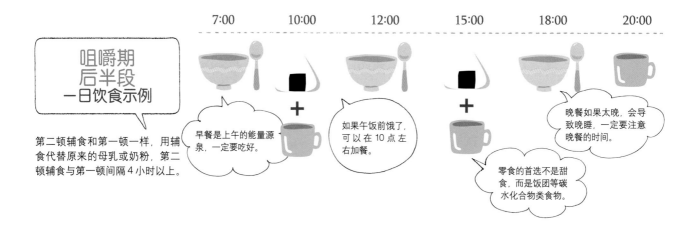

## 咀嚼期
## 后半段
## 一日饮食示例

第二顿辅食和第一顿一样，用辅食代替原来的母乳或奶粉，第二顿辅食与第一顿间隔4小时以上。

早餐是上午的能量源泉，一定要吃好。

如果午饭前饿了，可以在10点左右加餐。

零食的首选不是甜食，而是饭团等碳水化合物类食物。

晚餐如果太晚，会导致晚睡，一定要注意晚餐的时间。

与成年人饮食节奏一致后的

## 推荐辅食食谱

宝宝终于从 10 倍粥晋级到普通的米饭了。妈妈可以在食材的切法、口感上下功夫，丰富宝宝的味蕾。

### 偏硬的软饭或普通米饭

**[ 做法 ]**
软饭（参见 P22）80g 盛入碗中

### 菠菜肉末炖豆腐

**[ 食材 ]**
豆腐…30g（1/10 盒略少）
猪肉末…10g
菠菜…5g（1 片叶子）
鲣鱼高汤…3 大勺
酱油…少许
水溶淀粉…少许

**[ 做法 ]**
1 豆腐切成 1cm 见方的小块。菠菜煮熟后切碎。猪肉末加入 2 小勺水搅拌。
2 将猪肉末和鲣鱼高汤倒入锅中，用中火煮沸后，倒入酱油、豆腐、菠菜再煮一下，最后倒入水溶淀粉形成黏稠状态。

### 轻炸南瓜块

**[ 食材 ]**
南瓜…35g（3cm 见方的 2 块）
油…适量

**[ 做法 ]**
1 南瓜去籽，切成薄薄的扇形。
2 平底锅内倒入约 1cm 深的油，加热至 170℃，倒入南瓜微炸。

## 开始用勺子吃饭

这一阶段的宝宝也开始练习用勺子吃饭了。用叉子可以更加准确地将食物送到嘴里，但对咀嚼能力的锻炼没有帮助。宝宝用勺子练习将食物送到唇边，然后用嘴唇抿到口中，再根据食物的形态寻找合适的咀嚼方法，这个锻炼的过程对宝宝非常重要。一般到两岁左右就可以很熟练地用勺子吃饭了。

同时，这个时期磨牙开始萌出，宝宝渐渐地可以吃更坚硬的东西。妈妈要一边观察宝宝的出牙情况，一边调整辅食的软硬度和大小，并鼓励宝宝用手抓食物吃和用勺子吃饭。当宝宝学会自己吃饭，就意味着辅食期接近尾声了。建议妈妈们根据宝宝的情况结束辅食期，逐渐向幼儿饮食过渡。

进阶建议

**若主要通过辅食摄取营养，就应向幼儿饮食过渡**

当宝宝可以用门牙切碎并用牙龈咬碎食物，且必要的营养大部分通过辅食来摄取，辅食期就要结束了。如果能用杯子喝牛奶或奶粉就更理想了。接下来，应向幼儿饮食过渡。建议妈妈继续保持辅食的清淡口味和适当的柔软度。

## 维生素·矿物质类食物

### 秋葵 40g
切掉蒂，煮熟后食用。特有的黏滑拉丝的成分不仅有助于消化，还能促进蛋白质的吸收。

### 蔬菜
每顿参考量是40~50g。除了容易烹制的食材，还可以增加牛蒡、莲藕等根茎类。

### 黄瓜 40g
特点是水分多，味道清香。可以切成条状直接给宝宝吃。如果不愿意连皮吃的话，可以间隔着削皮，让果肉和皮形成斑马纹。

### 南瓜 40g
1岁以上的宝宝，南瓜不削皮也无妨。可以煮得烂烂的，也可以炸得酥软连皮吃，营养更丰富。

### 芜菁 40g
水分充足且口感微甜，靠近皮的地方有很多较硬的纤维，要把皮削得厚一点。它的叶子属于营养丰富的黄绿色蔬菜，可以切碎后食用。

### 水果
水果不仅可以促进蛋白质分解，还能帮助软化肉类鱼类。用肉片包裹水果后烤着吃，也是一种独特的肉卷。

### 猕猴桃 10g
水分充足，酸爽可口，是热带水果的代表。但存在致敏风险，建议第一次给宝宝吃之前加热一下。

### 海藻
富含矿物质，被称为"海里的蔬菜"。海苔、海莴苣、昆布丝等海藻类食物做法简单，非常方便。

### 昆布丝 （一小撮）
很柔软，但不好消化，要处理得细一些。拥有独特的顺滑感，还可以为辅食提味。

## 蛋白质类食物

### 豆制品

含有丰富的优质植物性蛋白, 有助于铁的吸收, 可以有效预防宝宝贫血。

#### 冻豆腐

**9g**（1/2块）

用水浸泡后煮一下, 或和其他食材一起炖煮, 可以充分吸收汤汁, 非常入味。也可以在干燥状态下碾碎使用。

×2

#### 水煮大豆

**20g**（2大勺）

软糯的口感容易被宝宝接受, 适合各式菜肴。表面的薄皮不容易消化, 要去除之后再烹制。

### 鱼肉

除了鱼肉, 牡蛎、蛤仔、蚬贝等贝类、鱿鱼都可以吃了。虾和蟹要根据宝宝的接受情况而定。

#### 鲥鱼 20g

富含帮助大脑发育的 DHA 和 EPA。冬季的鲥鱼脂肪含量较高, 可以烤或煮。

#### 青花鱼 20g

营养丰富, 但容易引起过敏, 要慎重。趁新鲜吃, 建议买回来后立刻烹制。

### 肉类

每天的摄入标准是 20g。建议选择脂肪较少的瘦肉, 尽量煮得软烂一点, 但不要加热过度。

#### 瘦猪肉糜

**20g**（1大勺）

可以做成肉饼或肉丸, 还可以做汤或炒饭。

#### 瘦猪肉片

**20g**

细嚼期就可以吃了, 但建议适应了牛肉以后, 再吃猪肉。猪肉富含维生素 $B_1$。

### 鸡蛋

成年人可以生吃鸡蛋, 但婴幼儿一定要煮熟了再吃, 切记! 1 岁以后, 也要完全煮熟!

#### 鸡蛋 2/3个

如果不担心过敏, 可以给宝宝吃水煮鸡蛋。如果是鹌鹑蛋, 每天可以吃 5~6 个。

### 乳制品

这一时期, 新鲜牛奶不仅可以用于烹饪, 还可以直接给宝宝喝。每天的摄入标准量为 300~400ml。

#### 奶酪切片

**2/3片**

可以放在切片面包上烤着吃, 也可以加入煮蔬菜里, 做成法式奶酪沙拉。但是盐分较多, 每天只能吃 2/3 片。

用木鱼花调味
手抓饭团更可口

煎饭团里加入木鱼花调味，表面酥脆，里面软糯，宝宝同时体验两种口感。与秋葵豆腐味噌汤搭配，非常可口。

## 木鱼花风味煎饭团

【食材】
软饭…90g（参见 P22）
（或普通米饭 80g）
木鱼花…一小撮
打好的鸡蛋液…1 大勺
酱油…1/4 小勺
植物油…少许

【做法】
1 将软饭、木鱼花、鸡蛋液、酱油倒入料理盆内搅拌均匀。
2 平底锅内倒入植物油并抹匀，用中火加热，将拌好的米饭一大勺一大勺地两面煎熟即可。

 热量
 蛋白质
 鸡蛋

## 秋葵豆腐味噌汤

【食材】
秋葵…20g（2 根）
豆腐…20g（2cm 见方的 2 块）
鲣鱼高汤…1/2 杯
味噌…1/3 小勺多

【做法】
1 将秋葵去蒂，切成 5mm 厚的半圆形。豆腐切成 1cm 见方的块。
2 锅内倒入鲣鱼高汤，煮沸后倒入秋葵和豆腐，再次沸腾后，加入味噌搅拌均匀即可。

 维生素矿物质
 蛋白质

## 猕猴桃

【食材】
猕猴桃…10g

【做法】
猕猴桃去皮后，切成适当大小，盛入盘中。

 维生素矿物质

便捷的罐头食品
成就一道丰盛的意大利通心粉

便捷的青花鱼罐头，与甜甜的西红柿通心粉相得益彰。芜菁淡淡的甜味与牛奶做成汤，也是绝妙的搭配。

## 芜菁牛奶汤

[ 食材 ]
芜菁…20g（1/6 个）
芜菁叶…10g
牛奶…1/4 杯
盐…少许

[ 做法 ]
1 芜菁去皮，切成薄片。
2 锅内水烧开，将芜菁煮软。再把芜菁叶煮熟后切碎。
3 在另一只锅内倒入牛奶加热，然后倒入芜菁和芜菁叶再煮一下，最后加盐调味即可。

## 青花鱼拌西红柿通心粉

[ 食材 ]
青花鱼罐头…10g
西红柿…20g（中等大小的 1/8 个）
通心粉…30g
橄榄油…1/2 小勺
酱油…1/4 小勺

[ 做法 ]
1 西红柿用热水烫一下去皮和籽，切成小丁。通心粉煮软后切成 1cm 长的段（煮面的汤留用）。
2 平底锅内倒入橄榄油加热，将青花鱼和西红柿倒入翻炒，加入 1~2 大勺煮通心粉的汤和酱油调味，最后加入通心粉拌匀即可。

## 猪肉卷心菜
## 配胡萝卜泥的大阪烧

[ 食材 ]
瘦猪肉片…15g
卷心菜…15g（中等大小的 1/4 片）
胡萝卜…15g（2.5cm 见方的 1 块）
小麦粉…10g
鲣鱼高汤…1 大勺
植物油…少许
番茄酱…少许

[ 做法 ]
1 猪肉切碎。卷心菜煮软，切成 1cm 长的细丝。胡萝卜去皮后磨碎。
2 料理盆内倒入 1 的食材，再加入小麦粉、鲣鱼高汤后搅拌均匀。
3 平底锅内抹油后以中火加热，将 2 的食材搅拌后摊开，两面烤至焦黄色。切成适当大小后盛入盘中，淋上番茄酱。

## 黄瓜条

[ 食材 ]
黄瓜…15g（中等大小的 1/5 根）

[ 做法 ]
将黄瓜切成 1cm 宽、5cm 长的条，盛入碗中。

特别适合宝宝
用手抓着吃

蔬菜和猪肉经过烤制后，不但口感酥脆，而且宝宝用手抓着吃非常方便。再配上黄瓜条，营养更丰富。

# 走访有咀嚼期宝宝的家庭

这一阶段的宝宝会专注地用手抓着吃或学习用勺子。看到宝宝自己吃饭的样子，妈妈觉得很欣慰。

## 妈妈一边喂 一边让宝宝抓着吃

　　儿子 10 个月断奶后，饭量开始增加。等他学会咀嚼以后，我增加了食材的种类。最近他非常喜欢自己抓着吃，我就做一些方便抓着吃的辅食，但是都用手抓的话，吃得非常慢，甚至中途就开始玩了。所以我一边让他自己抓着吃，一边用勺子见缝插针地喂，尽量在他精力集中的时间喂完。

　　上日托班之后，儿子白天充分运动，晚上一回来就要吃饭，所以不得不开始准备冷冻辅食了。利用周末将一周的分量做好冷冻，这样一到开饭时间很快就能准备好，有时准备的分量还不够他吃的，真是个能吃的宝宝。

## File 1

上田悠真（儿子）
优子（妈妈）

**1岁宝宝**
**添加辅食**
**7个半月**

### DATA

【身高】79cm 【体重】9400g
【每天哺乳次数】0 次
【每天奶粉次数】1 次（150ml）
【每天辅食次数】3 次（6:00、12:00、17:00）
【牙齿颗数】8 颗（上面 4 颗、下面 4 颗）

### 妈妈优子的心得

**1** 颜色鲜艳的餐具，宝宝看着就开心

颜色鲜艳的餐具摆放在一起，宝宝吃辅食会变得更加开心，也促进食欲。

**2** 利用休息日提前做好辅食

平时工作很忙，利用休息日可以集中做一批冷冻起来。有时也会购买冷冻食材。

**3** 不够的时候用面包补充

如果准备的分量不够吃，会适当地掰一些面包放在盘子里给宝宝。

## 🕛 12:00的辅食

软饭 2/3 碗、煮羊栖菜 40g、白萝卜豆腐味噌汤 80ml、煮鸡蛋黄 1/2 个、鲑鱼蔬菜汤 100g、白底红边的盘子里是：黄瓜、胡萝卜、奶酪、火腿。甜点是香蕉。

*Start*

**开吃啦！**

吃饭前说一声"我开吃啦"，很有礼貌。将盘子放到他面前，立刻就开始抓了。

**挑战 小勺子**

一拿到勺子先在手里转动几下，然后才开始吃。现在可以自己送几口到嘴里。

**妈妈喂汤**

为了防止泼洒，每次汤类的辅食都是妈妈喂的。

**30分钟后**

*Finish*

几乎每顿都能吃干净，不够的时候我会给一些面包。今天可能有些注意力不集中，剩了一些味噌汤和羊栖菜、粥没吃完。

### 问问专家

From 上田玲子老师

**宝宝食欲很旺盛，饭量超过了标准量，这样会不会变成肥胖儿呢？**

**A** 要确认宝宝是不是仔细咀嚼了

不必太担心，食欲因人而异。此外，有些宝宝吃得多是因为没有咀嚼直接吞咽了，所以不易产生饱腹感。喂的时候要将勺子放在宝宝的嘴唇上，等宝宝自己把食物吃进去咀嚼。

# File 2

1岁3个月宝宝
**添加辅食9个月**

荒金直人(儿子)
惠梨香(妈妈)

## DATA

【身高】82cm 【体重】11.4kg
【每天哺乳次数】4次
【每天奶粉次数】0次
【每天辅食次数】3次 (8:00、12:00、18:00)
【牙齿颗数】15颗 (上面7颗、下面8颗)

## 妈妈惠梨香的心得

### 1 用削皮刀处理蔬菜

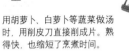

用胡萝卜、白萝卜等蔬菜做汤时，用削皮刀直接削成片。熟得快，也缩短了烹煮时间。

### 2 将做好的辅食冷冻，一解冻就可以吃

面包片、肉饼等提前做好后冷冻，吃之前微波炉一热，5分钟就搞定。

### 3 外出时带便当

餐厅的食物对宝宝来说口味太重了，所以外出就餐时我给宝宝带便当。滤掉汤汁的蔬菜乌冬面是必带的。

## 问问专家

From 上田玲子老师

**辅食期结束后，有什么需要注意的地方？幼儿饮食的重点是什么呢？**

A 继续保持清淡口味！吃饭时要多咀嚼

辅食期结束后就进入幼儿饮食期了，但口味要一如既往地保持清淡。宝宝不仅会自己抓着吃，也学会了熟练使用勺子。这一时期通过咬碎来咀嚼也非常重要，即使是汤汁类的食物，也要督促宝宝仔细咀嚼，不能直接喝下去。

## 宝宝勺子用得很好 就是饭量有些大

儿子平时胃口很好，除了感冒的时候。10个月左右开始用手抓饭，最近把勺子递给他，他可以不泼洒地将食物送到口中，能自己吃饭了。只是，有时候他会把手里的食物突然扔到地上，或把吃进嘴里的吐出来，不好好吃饭。我以为他吃饱了，可是转眼间又开始吃了，这样变幻莫测的表现实在让我费解，不知道是该收拾起来还是等他吃完。最近几乎都可以吃完，饭量也渐渐平稳了。

儿子的辅食期即将结束，进入幼儿饮食期，我会一直坚持清淡口味。

## 🕛 12:00的辅食

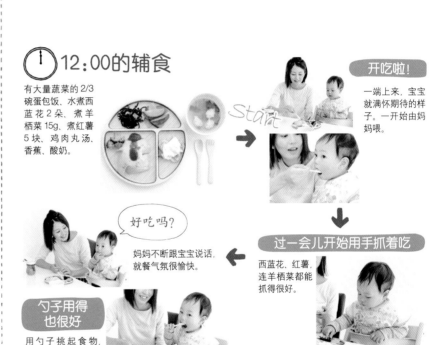

有大量蔬菜的2/3碗蛋包饭、水煮西蓝花2朵、煮羊栖菜15g、煮红薯5块、鸡肉丸汤、香蕉、酸奶。

**开吃啦!**
一端上来，宝宝就满怀期待的样子。一开始由妈妈喂。

**好吃吗?**
妈妈不断跟宝宝说话，就餐气氛很愉快。

**过一会儿开始用手抓着吃**
西蓝花、红薯，连羊栖菜都能抓得很好。

**勺子用得也很好**
用勺子挑起食物，张大嘴巴送到嘴里，一点都没洒。

**但是，10分钟后……**

饭放到桌子上
勺子也扔了

吐出食物

**15分钟后**
开饭10分钟后，玩兴大发，不过基本都吃完了，连妈妈以为他不爱吃的羊栖菜也吃得差不多。看来什么口味都能接受，妈妈很欣慰。

"这个时候怎么办？"
关于辅食的
**Q & A**

**咀嚼期**
（1岁~1岁半）

Q 宝宝并没有表现出想要用手抓着吃，只是张大嘴巴等着我喂，怎么办？（1岁1个月）

A 用小饼干等零食吸引他抓着吃

看来宝宝认为妈妈喂饭是理所当然的，自主性没有得到发展，接下来要培养宝宝自己吃饭了。建议在宝宝肚子饿的时候，桌上放一些容易用手抓的食物，或者宝宝喜欢的小零食，然后妈妈走开，假装什么都不知道，等宝宝自己伸手抓的时候表扬他。渐渐地，他在吃饭的时候也会伸手试图抓食物吃。关键是妈妈要放松，耐心等待宝宝的每一个变化。

Q 茄子、西红柿等什么时候可以给宝宝连皮吃？（1岁）

A 要特别注意西红柿的皮

西红柿的皮无法煮软，容易粘在宝宝的咽喉处，甚至会噎住，至少要到2岁以后才能给宝宝连皮吃。南瓜的皮虽然看上去很硬，其实过了1岁就可以连皮吃了；1岁之前，将皮煮烂或碾碎也可以吃。茄子的皮，只要煮烂了或烹制成容易消化的形态，1岁前也可以吃；如果做炒菜的话，还是要到1岁以后才可以连皮吃。

Q 非常爱吃母乳，辅食吃得很少，怎么办？（1岁2个月）

A 只要断奶，宝宝辅食的饭量就会增加

如果宝宝体重增长缓慢、夜奶频繁、晚上一哭就喂奶、不肯吃辅食，就要考虑断奶了。1岁以后断奶，不会影响宝宝的发育。很多宝宝断奶后，辅食量突飞猛进。此外，还要考虑辅食的软硬度和大小是否与宝宝的发育情况匹配，否则宝宝的咀嚼能力得不到锻炼，也会引起营养不良。

Q 带宝宝在外面吃饭的时候，可以直接喂餐厅的饭菜吗？（1岁3个月）

A 最好带上婴儿食品

餐厅的菜肴大多口味较重，盐和脂肪含量也较高，会对宝宝的肠胃造成负担，不适合给宝宝吃。如果一定要喂的话，建议量少一点。为了宝宝，最好还是带着辅食在外就餐，如果来不及准备，可以购买便携的成品辅食。

Q 请问宝宝要吃清淡口味的食物到多大？（1岁）

A 辅食期结束后，幼儿饮食期依然要坚持清淡的原则

建议1岁半之前要严守口味清淡。1岁半以后，过多的盐分依然会对宝宝身体造成负担，而且一旦吃了重口味的，就不愿吃清淡的了。所以进入幼儿期之后，也要注意控制盐分的摄入，参考标准是5岁以前的用盐量不到成人的一半。

Q 有些菜烹制的时候放了红酒、料酒等，可以给宝宝吃吗？（1岁4个月）

A 如果只是少量提味，没问题

如果只是用红酒、料酒、味醂提味或去腥，可以给宝宝吃。首先，只要煮得久一点，酒精成分就挥发了。其次，可以跟其他菜肴一样在放调料前先把宝宝吃的单独分出来，或者用白开水淡化菜肴的味道。但是，用红酒煮或用酒蒸，以及用了大量酒精的菜肴，即使用水稀释了也不能给宝宝吃。

Q 我的宝宝不喜欢吃绿叶菜和肉类，该怎么帮他克服挑食呢？（1岁5个月）

A 随着婴儿咀嚼能力的提高，会有所好转

宝宝们磨牙长齐之前，很难咀嚼薄肉片或绿叶菜，即使切得很细，也难以在口中聚集咀嚼，大多是吞下去的。妈妈可以在口感上多下一些功夫，做得更细腻一些。很多孩子过了3岁才开始接受肉类，到了小学才会爱吃，所以妈妈不用太心急。可以开发一些以鱼肉、豆制品、鸡蛋、乳制品为主要食材的食谱。

Q 宝宝一吃零食就不愿意吃饭了，怎么办？（1岁2个月）

A 如果影响正餐，就不给零食了

零食对宝宝不是必需品，如果影响到正餐了，就要考虑控制或不给。比如，每天两次改为每天一次，或者每天一次改成取消零食。如果宝宝实在想吃，可以给饭团、乌冬面、蒸红薯等能够代替主食的食物。千万不要在宝宝哭闹或在外面时，纵容他吃零食。而且要严格限制零食时间，不要吃个没完。

Q 生鱼片、生鸡蛋是不是还不能给宝宝吃？（1岁6个月）

A 婴幼儿期绝对不能吃生的东西，这是基本原则

宝宝的身体尚未发育成熟，除了部分蔬菜和水果之外，主要食材都要加热才能吃，这是最基本的原则。不管多么新鲜的生鱼片或生鸡蛋，绝对不能给宝宝吃。不仅有引起过敏的风险，还会因为食物内的细菌引起食物中毒和寄生虫感染，一定要熟透才能给宝宝。如果对鸡蛋不过敏，辅食期结束后可以给宝宝吃半熟的。但生鱼片，整个婴儿期、幼儿期都不能吃，必须等到8岁以后，孩子的肝脏机能与成年人差不多了，才可以放心地吃。

### 有必要培养宝宝的餐桌礼仪吗？

要求婴儿期的孩子学会餐桌礼仪，不仅很难实现，而且会增加他对进餐的抵触。只要能学会在用餐前说"我要开吃了"，用餐后说"谢谢妈妈"就足够了。这些简单的礼仪只要大人做，宝宝自然就会学。其他的礼仪两岁以后再慢慢教就可以了。

# 分餐辅食法

## 从大人的饭菜中，分一部分给宝宝

直接用大人的饭菜让辅食更加省时省力。常见的味噌汤、咖喱、炖菜都可以简单变身成宝宝的辅食。

## 分餐辅食的诀窍？

### Step 1 用宝宝也可以吃的食材

烹制大人的食物时，一部分食材选用宝宝也可以吃的。比如吞咽期和蠕嚼期的宝宝可以吃薯类、南瓜、根茎菜，细嚼期和咀嚼期的宝宝可以吃肉类和鱼类。

### Step 2 烹煮到适当火候时盛出

烹煮至可作为辅食的状态后及时盛出，比如煮熟后或放调料前。

**❶准备食材时分出**
对于吞咽期或蠕嚼期的宝宝，可以将刚切好或煮好的菜分出来，用于辅食。

**❷放调料之前盛出**
细嚼期之后，可以在放调料前将菜肴盛出。需要注意的是，用市售的高汤料包或盐分较高的调料炖煮的食物，不能给宝宝吃。

**❸从煮好的食物中挑选宝宝可以吃的**
宝宝进入蠕嚼期之后，可以与大人共享一盘菜。比如，将菜肴用白开水涮一下，或者将油炸食物表面的面衣去掉，以减少油脂的摄入，等等。

### Step 3 进一步处理分出的食物

将分出的菜肴，用碾碎、切碎等方法处理成宝宝可以吃的状态。

**❶用汤汁拌匀**
将研磨或碾碎的食物，加入适量的白开水或鲣鱼高汤，调和成顺滑柔软的状态，方便宝宝食用。

**❷切得更碎**
蠕嚼期之后，需要将分出的食物切碎或碾碎成符合宝宝辅食阶段的大小。

## "鲣鱼高汤+味噌"的味道宝宝最爱

# 白萝卜豆腐味噌汤

味噌汤很适合辅食期的宝宝。掌握基本的制作方法后，可以变换各种食材。

**[食材]**（大人2人份+宝宝1人份）
白萝卜…200g（去皮，切成5~6mm厚的扇形）
豆腐…1/2块（切成3cm见方）
鲣鱼高汤料包…1袋
味噌…2~3大勺
青葱…适量（切成细丁）

## 分餐 POINT

### 1 常备容易储存的食材

豆腐、白萝卜等都容易保存，可以常备，随时使用。白萝卜用报纸包好后放进冰箱冷藏，可以保存很久。

### 2 根据柔软程度选择食材

以豆腐为例，柔软的嫩豆腐很适合作为辅食，细嚼期之后，可以选择北豆腐。咀嚼期之后，可以吃煎豆腐。

### 3 白萝卜等切成扇形

容易煮烂的白萝卜很适合作为辅食。切成扇形后膳食纤维被切断，更容易碾碎。

### 4 炖煮类的菜肴煮熟后焖一会儿更软更甜

以白萝卜为例，煮熟后焖上10分钟，会更加入味，柔软。

**❶** 锅内放入切好的白萝卜、鲣鱼高汤料包、两杯水。

**❷** 开中火，煮开后去除杂质，改成小火煮至白萝卜软烂。最后取出鲣鱼高汤料包。

吞咽期
5~6个月

维生素
矿物质

蛋白质

轻松变辅食！

白萝卜碾碎后，再加入豆腐一起碾碎，会更加顺滑。吞咽期前半段的宝宝，可以再过滤一下。

用鲣鱼高汤为白萝卜提味
## 白萝卜豆腐泥

【食材】
白萝卜…10g
　分餐法：从下方食谱的步骤3中分出3片
豆腐…25g
　分餐法：从下方食谱的步骤3中分出1块

【做法】
1 用研磨碗将白萝卜碾碎。
2 加入豆腐后，继续研磨至糊状。

---

细嚼期
9~11个月

热量
维生素
矿物质
蛋白质

轻松变辅食！

将煮软的白萝卜用叉子挤压即可。关键是要趁热挤压。

用味噌煮得入味的白萝卜非常可口
## 白萝卜豆腐拌饭

【食材】
白萝卜…20~30g
　分餐法：从下方食谱的步骤4中分出6~9片
豆腐…45g
　分餐法：从下方食谱的步骤4中分出2小块
5倍粥…90g
海苔…少许

【做法】
1 将白萝卜放入耐热容器，用叉子碾碎后，与豆腐、5倍粥搅拌。
2 松散地覆上保鲜膜，用微波炉加热40秒。
3 倒入碗中，撒上海苔碎即可。
　※5倍粥的做法：米饭和水按照1:4，或米和水按照1:5的比例烹煮。

---

蠕嚼期
7~8个月

热量
维生素
矿物质
蛋白质
小麦

轻松变辅食！

乌冬面最好在加热前切断。蠕嚼期切成小丁，细嚼期切成2~3cm长，咀嚼期切成4~5cm长。

容易消化的辅食
## 白萝卜豆腐乌冬面

【食材】
白萝卜…15~20g
　分餐法：从步骤3中分出4~6片
豆腐…30g
　分餐法：从步骤3中分出1大块
萝卜叶…适量
水煮乌冬面…40g（1/5包）
鲣鱼高汤…1/3~1/2杯
　分餐法：从步骤3中舀取

【做法】
1 将白萝卜、萝卜叶、乌冬面切成细丁。
2 小平底锅内倒入鲣鱼高汤和1的食材，煮沸后调成小火，煮至乌冬面软化。
3 加入豆腐煮1分钟，碾碎即可。

---

咀嚼期
1岁~1岁半

热量
维生素
矿物质
蛋白质
小麦
鸡蛋
乳制品

轻松变辅食！

将大人食谱中的白萝卜和豆腐吸干水分，稍微煎至焦黄。味噌的香味更加浓郁，宝宝会吃光光。

煎烤后，味噌的香味更浓
## 黄油煎白萝卜豆腐配小面包

【食材】
白萝卜…30~40g
　分餐法：从步骤4中分出9~12片
豆腐…50g
　分餐法：从步骤4中分出2块
黄油…1/2小勺
青海苔…少许
小面包…50g（1个）

【做法】
1 豆腐对半切开，与白萝卜一起用纸巾擦干水分。
2 平底锅内放入黄油，开中小火，白萝卜和豆腐煎烤至双面焦黄。
3 盛入碗中，撒入青海苔，再配上小面包。

---

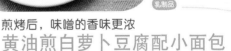

3

加入豆腐，煮1分钟关火。盖上盖子焖10分钟以上。

吞咽期或蠕嚼期的婴儿由此分餐。

4

加入1小勺味噌（宝宝吃的从这里开始分餐）。放入剩余味噌，撒入小葱。

细嚼期或咀嚼期的宝宝由此分餐。

跨越年龄的
人气美味
# 咖喱鸡肉

大家熟悉的咖喱可以瞬间变身宝宝的
辅食。食材煮熟后，在加入咖喱之前
分餐，余下的按照大人的喜好放入咖
喱即可，非常简单。

【 食材 】（大人 2 人份 + 宝宝 1 人份）

鸡腿肉…1 大块（去皮，切成一口大小）
洋葱…1 个（切成 2cm 宽的条）
胡萝卜…1 根（纵向 2~4 等分，再切成
4cm 长的条）
土豆…2 个（切成比一口大小偏大一些
的块）
咖喱…2~3 人份
白葡萄酒…1 大勺
米饭…适量

> 建议选择
> 容易调节用量的
> 薄片型咖喱

【 做法 】

1 鸡肉用白葡萄酒揉捏后放一会儿。

2 锅内倒入洋葱、胡萝卜、2.5 杯水，开中火，煮开后撇掉
浮沫，改小火煮 5~6 分钟。加入土豆，煮 15 分钟直至变软。

（吞咽期、蠕嚼期的宝宝由此分餐）

3 将鸡肉放入锅中，继续煮 5~6 分钟。

（细嚼期、咀嚼期的宝宝由此分餐）

4 加入咖喱，煮至黏稠后关火。将米饭盛入盘中，浇上咖喱
鸡块即可。

## 分餐 POINT

### 1 选择容易碾碎的薯类
或蔬菜

胡萝卜、洋葱、土豆等容易煮烂的食材
非常适合分餐辅食法。也可以用南瓜
或山药代替土豆。

### 2 蛋白质（鸡肉）按照
鸡小胸→鸡大胸→鸡腿肉的顺序添加

宝宝的肠胃尚在发育中，很难消化的蛋白质会对肠胃造
成负担。鸡肉建议从脂肪含量较少的鸡小胸开始添加。

 鸡小胸  鸡大胸  鸡腿肉

### 3 去除鸡皮和脂肪
用斜刀法切肉

从细嚼期开始可以吃鸡腿肉。
用分餐法做辅食，切肉时要
去除鸡皮和脂肪。再按照肉
的纹理切成块，这样煮熟后
容易加工成细丝。

### 4 放咖喱粉或
调料前分餐

盐分会对宝宝不健全的肾脏
造成负担，所以炖煮的菜都
要在放调料前分餐。建议连
汤汁一起分，以便调节辅食
的软硬度。

**吞咽期**
**5~6个月**

热量
维生素 矿物质
蛋白质

口感柔和的豆浆和蔬菜搭配
## 胡萝卜洋葱泥

【食材】
土豆…20g
分餐法：从P88食谱的步骤2中分出
胡萝卜、洋葱…共10g
分餐法：从P88食谱的步骤2中分出
豆浆…2~3小勺

【做法】
1 将土豆、胡萝卜、洋葱磨成细腻的泥。
2 加入豆浆拌匀即可。

**轻松变辅食！**

在吞咽期，建议选择不含糖的豆浆调节辅食。不仅有助于吸收优质蛋白质，还可以帮助辅食达到细腻顺滑的状态。

---

**蠕嚼期**
**7~8个月**

热量
维生素 矿物质
蛋白质

用金枪鱼提味
## 胡萝卜洋葱粥

【食材】
胡萝卜、洋葱…15~20g
分餐法：从P88食谱的步骤2中分出
金枪鱼罐头…10g
（沥掉汤汁后取1大勺）
5倍粥…90g（3大勺）

【做法】
1 胡萝卜、洋葱剁碎。
2 金枪鱼、5倍粥放入耐热容器中，加入胡萝卜和洋葱丁，松散地覆上保鲜膜后，放入微波炉加热50~60秒即可。

**轻松变辅食！**

微波炉一加热就能变成粥。如果蔬菜偏硬的话，建议从P88食谱的步骤2中舀出1大勺汤汁加进去。

---

**细嚼期**
**9~11个月**

热量
维生素 矿物质
蛋白质

乳制品

土豆中的淀粉让辅食口感更细腻
## 奶香鸡肉

【食材】
土豆…40~50g 分餐法：从P88食谱的步骤3中分出
胡萝卜、洋葱…20~30g
分餐法：从P88食谱的步骤3中分出
鸡腿肉…5g 分餐法：从P88食谱的步骤3中分出
牛奶…1/4杯 奶酪粉…少量

【做法】
1 将土豆、胡萝卜、洋葱放入小号平底锅中，用铲子在锅中适当切碎。再把鸡肉撕碎放进去。
2 倒入牛奶，煮开。盛入碗中，撒上奶酪粉即可。

**轻松变辅食！**

用铲子将食材切碎是关键。不仅可以减少清洗工作，粗糙的断面还能让食材更入味。

---

**咀嚼期**
**1岁~1岁半**

热量
维生素 矿物质
蛋白质

乳制品

黄油香勾起宝宝食欲
## 鸡肉土豆团

【食材】
土豆…70~80g 分餐法：从P88食谱的步骤3中分出
胡萝卜、洋葱…共30~40g
分餐法：从P88食谱的步骤3中分出
鸡腿肉…15g 分餐法：从P88食谱的步骤3中分出
黄油…1/2小勺

【做法】
1 鸡肉用手捻碎。加入土豆、胡萝卜、洋葱后继续捏碎，揉搓成一口大小的团。
2 平底锅内放入黄油，开中小火，将鸡肉团煎熟即可。

**轻松变辅食！**

将土豆碾碎做成团，宝宝吃起来会很开心。出门时可以作为零食。

鸡肉与鱼肉高汤
带来极鲜口味

# 鸡翅鳕鱼炖锅

冬季，炖锅是很多家庭的家常菜，如果用清水作为锅底，就可以分餐出辅食。然后大人可以按照自己的喜好，加入橙醋、柚子辣椒等调味。

【食材】（大人 2 人份＋宝宝 1 人份）

白菜…4~5 片（菜茎纵向切成 1cm 宽的条，菜叶切成一口大小）
胡萝卜…1 个（去皮后切成 7~8cm 长的丝）
鸡翅根…4 个
鳕鱼…2 段（切成一口大小）
煎豆腐…1 盒（切成一口大小）
鲣鱼高汤料包…1 袋
橙醋、柚子辣椒、葱、辣油…各适量
鲷鱼…5~10g（生鱼片 1/2~1 片）

【做法】

1　制作辣油葱丝。将葱纵向切半，斜着切成丝，洒上辣油。

2　锅内加入 2 杯水，放入鲣鱼高汤料包，开中火，煮开后加入一部分白菜、胡萝卜煮至变软。（吞咽期的辅食加入鲷鱼，再煮 1 分钟。）

> 吞咽期、蠕嚼期的宝宝由此分餐

3　取出鲣鱼高汤料包，加入鸡肉煮 2~3 分钟。再放入鳕鱼、豆腐、剩余的白菜、胡萝卜，再次煮沸后关火。

> 细嚼期、咀嚼期的宝宝由此分餐

4　盛入碗中，按照个人喜好加入橙醋、柚子辣椒、辣油葱丝。

> 吞咽期宝宝要选用生鱼片的肉

> 加入柚子辣椒、辣油葱丝等，就成了大人们的最爱。

## 分餐 POINT

### 1　选择符合辅食标准的食材

吞咽期适合选择致敏风险低的鲷鱼，脂肪含量低的比目鱼或鲽鱼也不会对肠胃造成负担。鲑鱼、金枪鱼建议从蠕嚼期开始添加，鳕鱼从细嚼期开始添加。

从吞咽期开始添加　鲷鱼

从细嚼期开始添加　鳕鱼

### 2　胡萝卜用削皮刀削成薄片

用削皮刀处理胡萝卜非常方便。削出的片很薄，不仅容易熟，而且分餐后易在碗中碾成泥或切碎。

### 3　白菜的茎纵向切成 1cm 宽的条

炖煮白菜时，一般会把白色的茎横向切开。作为辅食时，建议切成 1cm 宽的条，以便进一步碾碎。

**吞咽期**
**5~6个月**

维生素
矿物质

蛋白质

鲷鱼的香味十分浓郁
## 白菜胡萝卜鲷鱼泥

**[食材]**
白菜、胡萝卜…共10g
 分餐法：从P90食谱的步骤2中分出
鲷鱼…5~10g(生鱼片1/2~1片)
 分餐法：从P90食谱的步骤2中分出
鲣鱼高汤…少许
 分餐法：从P90食谱的步骤2中分出

**[做法]**
1 白菜、胡萝卜用滤网过滤。鲷鱼肉碾碎。
2 将白菜泥、胡萝卜泥、鲷鱼肉放入容器中，加入鲣鱼高汤，调和至宝宝容易吞咽的糊状。

轻松变辅食！

白菜的膳食纤维较多，吞咽期宝宝吃需要用滤网过滤。鲷鱼肉碾得细腻一些即可。

**蠕嚼期**
**7~8个月**

热量

维生素
矿物质

蛋白质

鸡蛋

蔬菜＋鸡蛋，营养满分
## 白菜胡萝卜粥

**[食材]**
白菜、胡萝卜…共15~20g
 分餐法：从P90食谱的步骤2中分出
5倍粥…50g(3大勺)
鸡蛋…1/3个

**[做法]**
1 白菜、胡萝卜放入耐热容器中，用剪刀剪碎。
2 将5倍粥与鸡蛋拌在一起，松散地覆上保鲜膜，用微波炉加热1分钟左右。
※7个月的婴儿建议用煮熟的蛋黄。

从蠕嚼期开始，蛋黄从1勺开始逐量添加，但必须加热至熟透。

轻松变辅食！

用剪刀剪断白菜的纤维非常方便。只要剪得碎一些，蠕嚼期的宝宝也可以吃。

**细嚼期**
**9~11个月**

热量

维生素
矿物质

蛋白质

从锅内直接分餐
## 鳕鱼白菜乌冬面

**[食材]**
水煮乌冬面…80g(2/5包)　味噌…少许
白菜、胡萝卜…共20~30g
 分餐法：从P90食谱的步骤3中分出
鳕鱼…15g 分餐法：从P90食谱的步骤3中分出
鲣鱼高汤…1/2杯 分餐法：从P90食谱的步骤3中分出

**[做法]**
1 乌冬面切成2cm长。用剪刀将白菜、胡萝卜剪碎。鳕鱼去掉鱼刺，将鱼肉碾碎。
2 在小号平底锅内放入鲣鱼高汤、乌冬面、白菜、胡萝卜、鳕鱼肉，用中小火炖煮5~6分钟，放入味噌拌匀即可。

轻松变辅食！

选择小号平底锅做少量的炖菜很方便。充分吸收了蔬菜香味的汤汁可以用作高汤。

**咀嚼期**
**1岁~1岁半**

热量

维生素
矿物质

蛋白质

浸入鲣鱼高汤的白菜更加香甜
## 鳕鱼白菜盖饭

**[食材]**
软饭…90g(1小碗)
白菜、胡萝卜…共计30~40g
 分餐法：从P90食谱的步骤3中分出
鳕鱼…10g 分餐法：从P90食谱的步骤3中分出
煎豆腐…20g 分餐法：从P90食谱的步骤3中分出
鲣鱼高汤…1/2杯 分餐法：从P90食谱的步骤3中分出
水溶淀粉…少许

**[做法]**
1 白菜、胡萝卜用剪刀剪碎。鳕鱼剔掉鱼刺后碾得细碎一些。豆腐切成1cm见方的块。
2 平底锅内倒入鲣鱼高汤和1的食材，开中小火，倒入水溶淀粉搅拌至黏稠状。
3 将软饭盛入碗中，浇上2的食材即可。
※软饭的做法是：米饭和水按照1:1.5~2，或米和水按照1:2~3的比例烹煮。

轻松变辅食！

水溶淀粉不结块的技巧是在食材煮沸之前倒入。有了水溶淀粉的黏稠感，蔬菜也会变得很美味。

告别辅食期，
进入幼儿饮食期

# 幼儿饮食期（辅食期结束~3岁前后）的饮食

辅食进展顺利，已经开始有意识地使用磨牙咀嚼食物的宝宝，可以进入更接近成年人饮食的幼儿饮食期了。

**这一时期的前半段**
**辅食期结束~2岁**

将咀嚼期的食物烹制得更大块、更硬，一直到2岁半。

## 幼儿饮食小贴士

💡 **主食+主菜+配菜+饮料**

主食、主菜、配菜的比例为3：1：3最理想。三餐之外的营养可以通过零食补充，以保证营养均衡。

💡 **与辅食期一样，用黄、红、绿三种颜色衡量营养是否均衡**

确保碳水化合物、蛋白质、维生素·矿物质这三大类营养全面摄入（参见P14）。

💡 **让孩子觉得吃饭是快乐的事**

创造全家人一起就餐的愉快环境。家长要身体力行地教孩子餐桌礼仪。

## 根据宝宝身体发育状况调整饮食

辅食期结束时，宝宝基本明白了除了母乳或奶粉以外，其他食物都要经过咀嚼才能咽下去。辅食期结束后，到5岁都属于幼儿饮食期。妈妈们需要将宝宝的饮食逐渐升级，越来越接近成年人饮食。

从理论上说，1岁半左右宝宝的磨牙开始萌出，2岁时乳牙基本就长齐了。出牙情况存在很大的个人差异，这只是参考标准。最晚到了2岁半~3岁半，8颗磨牙就长齐了，宝宝学会了用上下牙齿咀嚼食物，能接受的食物硬度也跟大人差不多了。

但不管宝宝多喜欢挑战新的食物，3岁前咀嚼力依然很弱，食物硬度还不能完全脱离辅食的形态。2岁左右宝宝开始学会用勺子吃饭，我们把这之前的阶段称为幼儿饮食期前半段，而3岁以后磨牙全部长出、学会咀嚼的时期称为幼儿饮食期后半段。

## 坚持清淡口味让宝宝体会食材原本的味道

幼儿饮食期是影响一个人一生饮食习惯的重要时期。辅食期结束并不意味着一下子可以和成年人吃一样的食物，要注意远离过甜、过咸、调料过于刺激、食品添加剂较多的食物。此外，还要注意糯米、果冻、坚果等容易噎住，或进入气管的食物。

幼儿期的宝宝肾脏等内脏器官尚未发育健全，盐分的摄入也要严格控制。为了减少未来因不良生活方式生病的概率，建议以少盐、低脂肪、口味清淡的饮食为主。

**宝宝的舌头是怎么蠕动的？**

乳牙萌出，但不意味着马上就能自己吃饭。这个时期宝宝通过不断接触新的食物，咀嚼力也在不断提高。

**宝宝是怎么吃饭的？**

前半段主要是依靠手抓来进食，后半段学会了用勺子或叉子，但不能自己吃完一顿饭，还需要大人的协助。

晚餐

\幼儿饮食期前半段/
## 推荐食谱

宝宝吃的米饭和味噌汤同大人一样，但菜肴要做成适合手抓的一口大小。此外，宝宝的食欲因人而异，妈妈们不必勉强。

### 煎鸡胸肉

**[ 食材 ]**
大人 2 人份 + 幼儿 1 人份
鸡小胸…3 条
酱油、水溶淀粉…各 1/2 小勺
海苔…适量
油…少许

**[ 做法 ]**
1 用斜刀法将鸡小胸切成一口大小，淋上酱油，裹上淀粉。
2 海苔切成 1cm 宽的长条，包住鸡胸肉。
3 平底锅内倒入油加热，将鸡胸肉两面煎熟即可。

### 虾仁西蓝花沙拉

**[ 食材 ]**
大人 2 人份 + 幼儿 1 人份
虾…150g
西蓝花…1/2 棵
酸奶…3 大勺
A ┌ 白芝麻碎…1 大勺
  │ 盐…1/4 小勺
  └ 砂糖…1/2 小勺

**[ 做法 ]**
1 虾背上切几道，放入较深的容器中。
2 西蓝花掰成小朵，用加了少许盐的水煮熟，捞起沥干水分。捞起时将虾肉置于下方，用热水的余温为虾仁加热，静置至冷却。
3 用另一个过滤碗将酸奶的水分滤掉一半，然后与 A 组调料搅拌。
4 将 3 中搅拌后的酸奶浇在沥水后的西蓝花和虾仁上。

### 米饭
### 西红柿南瓜味噌汤
### 麦茶

早餐

蔬菜薄饼
牛奶

零食
(10:00)

苹果蕨饼
麦茶

午餐

乌冬面
麦茶

零食
(15:00)

草莓酸奶果冻
牛奶

## 这一时期的后半段
### 2~3岁

磨牙渐渐长齐，不仅能吃更丰富的食物，饭量也大了。

**前半段**

**后半段**

- 用门牙可以咬断的细长食物
- 切成一口大小（1~2cm）
- 切成薄片
【例】肉丸、薯条、炖菜、面团

- 用磨牙可以咬碎的柔软食物
- 滚刀块
- 需要一定咀嚼能力的食物
【例】拔丝地瓜、煮白萝卜干、煎鱼、煮蔬菜

## 不断尝试新食材，进一步提高自主进食能力

3岁的宝宝乳牙基本长齐了，但咀嚼力还比较弱，妈妈在烹煮时多花些功夫，就可以让宝宝跟大人吃几乎一样的食物，还能促进宝宝的食欲。要尽量选择应季食材，并尽量让宝宝自己吃饭。孩子对不同形态食物的探索，也锻炼了进食能力。

这一阶段宝宝们逐渐可以熟练使用勺子或叉子了，但独立吃完一顿饭还是有点困难，需要妈妈的帮助。时间充裕的话，让宝宝尽情地自己吃。

当宝宝学会了用手抓着吃，建议开始学习用勺子。筷子需要运用指尖的力量，可以3岁以后学会握笔了再练习，如果过早练习反而会养成一些难以纠正的习惯。4~6岁，宝宝才能熟练地用筷子。

会用勺子后，就可以练习用叉子了。不过，叉子对锻炼宝宝的进食能力没有太大帮助。

---

## 幼儿饮食期一日饮食示例

每日三餐的时间要固定。并在不影响正餐时间的基础上，安排外出游玩和午睡的时间。

**前半段**

| 7:00 | 10:00 | 12:30 | 15:00 | 18:00 |
|------|-------|-------|-------|-------|
| 早餐 | 零食（第一次） | 午餐 | 零食（第二次） | 晚餐 |

如果午饭前宝宝饿了，可以在10点左右吃一点零食。

晚餐时间太晚，会养成晚睡的坏习惯，要注意！

**后半段**

| 7:00 | 11:30 | 15:00 | 18:00 |
|------|-------|-------|-------|
| 早餐 | 午餐 | 零食 | 晚餐 |

不要给甜味的零食，尽量选择饭团等碳水化合物类食物。

晚餐

\幼儿饮食期后半段/
## 推荐食谱

蔬菜和蘑菇类膳食纤维丰富，有助于提升宝宝的咀嚼力。甜味、酸味等不同味道丰富了宝宝的味觉。

### 煎鲕鱼

【食材】
**大人 2 人份 + 幼儿 1 人份**
鲕鱼…2 块
大葱…1 根
白玉菇…1 包
盐…1/4 小勺
淀粉…少许
A 酱油、味醂…各 1 大勺稍少
砂糖…1/2 大勺
油…1 大勺

【做法】
1. 鲕鱼对半切开，用盐腌制 5 分钟，然后用厨房纸巾吸走多余水分。撒上淀粉后，掸掉多余淀粉。将大葱的葱白切成略粗的段，白玉菇切掉根部并掰开。
2. 平底锅内倒油加热，将鲕鱼两面煎熟，白玉菇和大葱一并煎熟。
3. 用厨房纸巾吸走多余油分，加入 A 组调料，中火煮开，晃动平底锅使味道均匀。

### 酸甜味黄瓜炒彩椒

【食材】
**大人 2 人份 + 幼儿 1 人份**
黄瓜…1 根
彩椒（红色）…1/2 个
A 盐…1/3 小勺
醋、砂糖…各 1 大勺
姜汁…少许
芝麻油…1/2 大勺

【做法】
1. 黄瓜纵向对半切开，用勺子刮掉种子，切成斜片。将彩椒纵向对半切开后，再切成 7~8mm 宽的条。
2. 平底锅内倒入芝麻油加热，放入黄瓜和彩椒炒至变软，然后加入 A 组调料稍炒几下，盛盘冷却即可。

### 圣女果、米饭
### 裙带菜胡萝卜味噌汤
### 麦茶

早餐

西红柿比萨三明治
草莓配酸奶　　牛奶

午餐

炒乌冬面
麦茶

零食
(15:00)

糖水煮苹果
黄豆粉配酸奶

Q 宝宝辅食期结束了，可还是断不了母乳（1岁8个月）

A 如果影响正常吃饭，就可以考虑断奶了

作为母子之间的情感纽带，母乳喂养到2岁甚至3岁都没问题。

但是，1岁过后母乳的营养已经跟不上宝宝成长的需要了。如果过分依赖母乳，影响了辅食，也不愿意喝牛奶，就会造成营养不良。这种情况下，建议妈妈重视孩子的一日三餐，不要频繁地喂奶，可以只在睡觉之前喂奶，或只喂较短时间，将断奶计划提上日程，渐渐地让孩子脱离母乳。

Q 宝宝严重挑食，强迫他吃是不是不太好？（1岁9个月）

A 用"尝一口试试"的话语鼓励他接受

多样的食材可以刺激幼儿期味觉的发育。强迫宝宝吃某种不爱吃的食物并不可取，但如果因此回避这种食物，只给宝宝爱吃的食物，就会让宝宝的味觉过于单一。

宝宝不爱吃的食物，可以说"尝一口试试"。如果吃了，妈妈要大力表扬。用这种办法，说不定能让他讨厌的食物慢慢回到餐桌，甚至喜欢吃呢。

Q 宝宝饭量很小，会不会营养不良？（1岁10个月）

A 只要保证2~3天内营养均衡就可以了

如果宝宝的体重增长符合生长曲线，精神状态也很好，就没什么可担心的。此外，妈妈没有必要太纠结于每一顿饭，只要2~3天内摄入的营养达到均衡状态就可以了。1天吃4~5顿也是可以考虑的办法。

孩子只有肚子饿了才会好好吃饭，建议参考这三个办法：1.两顿饭或零食的间隔达到2~3小时。2.安排足够的户外活动。3.三餐定时定点，形成饮食规律。

Q 我的孩子身高90cm，体重17kg，如果一直胖下去该怎么办？（2岁6个月）

A 如果偏离了生长曲线，建议从烹饪方法和食材上找原因

如果孩子的体重增长趋势一直与生长曲线吻合，无须担心。如果曲线在垂直方向猛长，就要引起注意了。除了饭量，饮食内容和饮食习惯都要重视。如果有炒菜油多、油炸食物较多、零食不离口、常在外吃饭、吃饭较快等问题，则需要改善。建议零食不要给甜味的饼干，选择小饭团或水果更好。

Q 辅食期结束后，可以带孩子在外就餐吗？（2岁7个月）

A 幼儿期的孩子内脏功能尚不健全，要注意控制油脂和盐分

餐厅的菜肴一般口味较重，且油多、热量高，会对幼儿期孩子发育尚不健全的内脏造成负担。可以通过一些办法避免，比如不喝拉面或乌冬面的汤、不加番茄酱或浓酱汁、去掉油炸食品外面的面衣等。如果点了以肉为主的菜肴，建议配一些蔬菜，均衡摄入营养非常重要。

# 按食材分类的辅食食谱

主食类的米饭和面包、
富含维生素和矿物质的蔬菜和水果、
强壮身体的豆腐和肉类，
对宝宝来说缺一不可。
如何让宝宝吃得开心又健康？
我们按照不同食材种类、宝宝的不同发育阶段，
为妈妈们准备了丰富又简单的食谱！

# 本书食谱的规范细则

本书食谱标注了发育阶段、食物营养、易致敏成分等符号，方便妈妈们做出营养美味的辅食。

## 如何看懂食谱

蠕嚼期
7~8个月

### ✚ 标注对应的 辅食阶段

| | |
|---|---|
| 吞咽期 | 5~6个月 |
| 蠕嚼期 | 7~8个月 |
| 细嚼期 | 9~11个月 |
| 咀嚼期 | 1岁~1岁半 |

食谱按照 4 个辅食阶段分类。妈妈们可以根据宝宝的发育阶段选择相应食谱。

### ✚ 食材的量为一顿饭 的标准

如果没有特别说明，食谱中的食材是宝宝一餐的量。妈妈们可以根据宝宝的食欲或身体状况适当调整。

### ✚ 食材的计量参考值

食谱中标注了"g""1大勺""1个 2cm见方的小块"等计量参考值，可以帮助妈妈们更加精确地准备食材。

白萝卜10g
＝
1个2cm
见方的小块
←2cm→

蛋黄带来温和香味
### 西蓝花鸡蛋面包羹

**[食材]**
切片面包…20g(1/2片)
西蓝花…15g(1.5小朵)
全熟蛋黄…半个
水…4大勺
水溶淀粉…少许

**[做法]**
1 西蓝花煮软，切成细丁。
2 面包一边撕碎一边放入锅内，加水，静置5分钟，待面包吸水涨开，小火加热。
3 面包煮烂后，搅拌一下，加入西蓝花，并将蛋黄捏碎放入锅中，轻轻地搅拌均匀，最后倒入水溶淀粉使其呈黏稠状。

### ✚ 用不同颜色标注 食物所含营养

🔴 热量 提供热量的食物

🟢 维生素 矿物质 提供维生素、矿物质的食物

⚫ 蛋白质 提供蛋白质的食物

食谱中食物所含的营养素用不同颜色标注出来，这道菜是否营养均衡，一目了然。

### ✚ 标注是否含有 鸡蛋、乳制品、 小麦成分

鸡蛋 食谱中含有鸡蛋

乳制品 食谱中含有乳制品

小麦 食谱中含有小麦

如果宝宝对鸡蛋、乳制品、小麦过敏，妈妈可以根据这些标注筛选食谱。

### ✚ 食谱中的食材重量是 净重

食谱中食物的重量参考值是去掉食材的外皮或种子后的净重量。

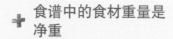

原来如此！

# 烹饪的基本规范

## ✚ 计量

**1杯**
**=200ml**
以量杯的200ml
刻度线为准。

**1大勺**
**=15ml**
以大号计量勺的
一平勺为准。

**1小勺**
**=5ml**
以小号计量勺的
一平勺为准。

## ✚ 微波炉加热时间 以500w的功率为准

微波炉功率和加热时间对照表

| 500W | 600W |
| --- | --- |
| 40秒 | 30秒 |
| 1分 | 50秒 |
| 1分10秒 | 1分 |
| 1分50秒 | 1分30秒 |
| 2分20秒 | 2分 |
| 3分 | 2分30秒 |

本书食谱中的微波炉加热时间以500w功率的微波炉为准。如果功率是600w，请参照左边的对照表。此外，微波炉机型和食物水分的多少也会影响加热效果，请根据实际情况调整。需要注意的是，给容器和食物覆上保鲜膜时，建议包得松一些，不要太紧。

## ✚ 使用小锅 以便及时增减水量

做炖煮的菜时，火候和锅的大小会对菜品产生很大影响，建议选择小锅，以便水量不足时及时补充，避免糊锅。

本书使用
的锅具直径为
14~16cm

## ✚ 火候

制作辅食所用的水量比较少，一般建议在小火～中火的范围内调节。

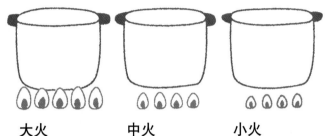

**大火**
汤汁咕嘟咕嘟地猛烈沸腾。

**中火**
汤汁噗嗤噗嗤地小幅度沸腾。

**小火**
汤汁表面泛起轻微的水波，受热也较慢。

## ✚ 食谱中的食材 和烹饪用语

**鲣鱼高汤**
以昆布和木鱼花为原料制成（参见P24）。也可以用婴儿专用的鲣鱼高汤。

**水溶淀粉**
将淀粉和水按照1:2的比例调和。静置会形成淀粉沉淀，建议入锅之前再搅拌一下。

**白开水**
在室温状态下冷却的白开水。

**温水冲调的奶粉**
按照奶粉和水的比例，用温水冲调的奶粉。

**植物油**
橄榄油、色拉油等。此外，婴儿很容易消化黄油，但不要用人造黄油和猪油。

**稀释搅拌 调节食物硬度**
加水稀释后搅拌，使食物口感更加顺滑，达到宝宝容易咀嚼的状态。

**煮到软烂为止**
将食物煮至宝宝可以用舌头碾碎或牙齿咬碎的程度。

**切成宝宝容易接受 的大小**
根据宝宝的发育阶段，将食材切成宝宝不会一口吞咽下去，而是会仔细咀嚼的大小。

# 米粥 & 米饭

粥和米饭是基本的主食。煮好后可以分装冷冻，加热食用非常方便。
宝宝如果吃腻了白米粥，可以改变一下味道。

**如何挑选**

糙米的膳食纤维较多，宝宝不易消化。建议选择宝宝容易消化的白米。

**营养成分**

主要为身体提供热量，不仅含有淀粉，还含有蛋白质、维生素、矿物质、膳食纤维，营养丰富。且易于消化吸收，不会对肠胃造成负担。辅食的第一步应该从白米粥开始。

## 各阶段辅食的形态 与实物等大

| 吞咽期 ▶▶▶ | 蠕嚼期 ▶▶▶ | 细嚼期 ▶▶▶ | 咀嚼期 |
|---|---|---|---|
| 5~6个月 | 7~8个月 | 9~11个月 | 1岁~1岁半 |

米和水按照1:10的比例烹制成10倍粥，过滤或研磨后，达到稀薄而有黏性的状态。

米和水按照1:7的比例烹制成7倍粥，或按照1:5的比例烹制成5倍粥。

米和水按照1:5的比例烹制成5倍粥。

米和水按照1:2~3的比例烹制成软饭。待宝宝适应后可以减少水量，到了后半段就可以吃普通的米饭了。

## 烹制要点

**POINT 1** 用米饭直接做粥更便捷

直接用煮好的米饭做粥时省力省力，非常适合做少量的粥（水量的增减方法参见P22）。记住要将结块米饭碾开再煮。

**POINT 2** 大量烹煮可以交给电饭煲

10倍粥可以直接用电饭锅做。控制好水量，按下开关就OK！但要注意调成煮粥模式，如果用煮饭模式可能会溢锅。

**POINT 3** 软饭可以交给微波炉

米饭中加入1.5~2倍的水，不覆保鲜膜，直接放进微波炉中加热，加热结束后覆上保鲜膜焖到冷却至室温，让米粒充分吸收水分。

**POINT 4** 吞咽期宝宝吃的粥需要过滤

为了帮助吞咽期的宝宝顺利消化，需要将粥过滤一下。可以直接用勺子在滤网上挤压过滤，让米粒达到手指可以碾碎的柔软度。

## 冷冻和解冻的小窍门

**基本技巧** 利用制冰格分装10倍粥按照一顿的量分格冷冻

用保鲜膜包好

用小容器分装

用制冰格冷冻

妈妈们可以一次做几天~1周量，然后以每天的量为单位分别冷冻储存，省时省力。比如10倍粥可以利用冰格冷冻。如果量多的话，可以利用大容量的制冰格，或保鲜膜、小容器分装冷冻。

**妈妈更轻松** 将制冰格背对水流更容易取出冷冻物

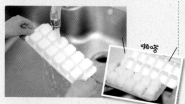

用制冰格冷冻好的米粥，只要用流水冲一会儿冰格背面，就能轻松取出。腰原俊香(妈妈)、温稀(儿子·1岁5个月)

**用手持搅拌棒轻松变成黏稠状**

过滤10倍粥费时费力，有了手持搅拌棒很容易就解决了。酒井美纪(妈妈)、奈穂(女儿·6个月)

**吞咽期 5~6个月**
热量

用鲣鱼高汤调味更香
## 鲣鱼高汤米粥

[ 食材 ]
10倍粥（参见P22）…30g（2大勺）
鲣鱼高汤…1大勺

[ 做法 ]
将10倍粥碾碎至顺滑后，加入鲣鱼高汤拌匀即可。

**吞咽期 5~6个月**
热量 维生素矿物质

为不爱喝粥的宝宝增加甜味
## 南瓜粥

[ 食材 ]
10倍粥（参见P22）…30g（2大勺）
南瓜…10g（2cm见方的1块）
白开水…1~2大勺

[ 做法 ]
1 南瓜去籽后，用保鲜膜松散地包好，放入微波炉加热40秒左右，去皮、过滤成南瓜泥。
2 将10倍粥碾碎后，与南瓜泥搅拌在一起，再用白开水调节稀稠度。

MEMO 从吞咽期开始，鲣鱼高汤就可以作为"美味调料"放心使用。

**吞咽期 5~6个月**
热量 维生素矿物质 蛋白质

黄豆粉的香味大受欢迎，营养丰富
## 黄豆粉胡萝卜粥

[ 食材 ]
10倍粥（参见P22）…30g（2大勺）
胡萝卜…5g（1.5cm见方的1块） 黄豆粉…1/2小勺

[ 做法 ]
1 胡萝卜削皮后煮软，用滤网过滤一下。
2 将10倍粥碾碎，加入黄豆粉拌匀，撒上胡萝卜泥。

POINT
黄豆粉倒入粥中，要仔细搅拌至没有块状才可以喂给宝宝。

**吞咽期 5~6个月**
热量 维生素矿物质 蛋白质

不易吞咽的食材与米粥混合
## 油菜鲷鱼粥

[ 食材 ]
10倍粥（参见P22）…30g（2大勺）
油菜叶…10g（大叶的2片）
鲷鱼…5g（生鱼片1/2片）

[ 做法 ]
1 油菜煮软，用滤网过滤（或者煮熟后冷冻好再磨碎）。
2 锅内倒入少量水烧开，放入鲷鱼煮熟，捞出后碾成鱼肉泥，加入少许鱼汤使鱼肉泥变得顺滑。
3 将10倍粥和鱼肉泥搅拌后，再次研磨碾碎，最后与油菜泥拌匀。

吞咽期

## 米粥&米饭

**蠕嚼期**
**7~8个月**

用木鱼花代替鲣鱼高汤
### 木鱼花青菜粥

【食材】
5倍粥(参见P22)…50g(3大勺)
青菜叶…20g(2片)　木鱼花…1g

【做法】
1　青菜叶煮软,切碎。
2　锅内倒入5倍粥和青菜丁,开小火稍煮一下。最后捏碎、撒入木鱼花,搅拌即可。

**POINT**

直接撒入木鱼花不容易消化,要用手均匀捏碎,仔细搅拌。

---

**蠕嚼期**
**7~8个月**

鸡肉和西红柿让粥的味道更丰富
### 西红柿鸡肉粥

【食材】
5倍粥(参见P22)…60g(4大勺)
西红柿…20g(中等大小的1/8个)　鸡胸肉…10g(1/5条)

【做法】
1　鸡胸肉用热水稍煮一下,切碎。西红柿去皮去籽,切成细丁。
2　将5倍粥和鸡肉末、西红柿丁一起倒入耐热容器中,覆上保鲜膜放入微波炉加热1分30秒即可。

**POINT**

鸡胸肉容易发柴,要与西红柿切成差不多大的丁。

---

**细嚼期**
**9~11个月**

淀粉勾芡提升口感
### 青菜豆腐粥

【食材】
4倍粥(参见P22)…70g(儿童碗7分满)
青菜…20g(中等大小的1/5片)
北豆腐…20g(2cm见方的2块)
水溶淀粉…少许
芝麻油…少许

【做法】
1　青菜切成1cm长的细丝。
2　锅内倒入芝麻油,用小火加热,倒入青菜丝轻炒一下,再加入能没过顶的水煮至变软,然后将豆腐捏碎后放入锅中,再加入水溶淀粉增稠。
3　将4倍粥盛入碗中,浇上青菜豆腐羹即可。

---

**细嚼期**
**9~11个月**

奶酪带来西式口味
### 西蓝花奶酪粥

乳制品

【食材】
5倍粥(参见P22)…90g(儿童碗不足1碗)
西蓝花…20g(2小朵)
奶酪粉…1/2小勺

【做法】
1　西蓝花煮软,切成粗丁。
2　将奶酪粉的一半撒入温热的5倍粥,再加入西蓝花丁拌匀,盛入碗中,最后撒上另一半奶酪粉。

102

细嚼期
9~11个月

热量
维生素 矿物质
蛋白质
乳制品
小麦

煎米饭更易抓握
## 油煎西红柿奶酪饭

[食材]

软饭(参见P22)…80g
(儿童碗8分满)
西红柿…20g(中等大小的1/8个)
奶酪粉…1/2小勺
小麦粉…1大勺
植物油…少许

[做法]

1 西红柿去掉皮和籽,切成粗丁。
2 将米饭、西红柿丁、小麦粉倒入料理盆搅拌。
3 平底锅内倒入油,用中火加热,将搅拌好的米饭摊成7mm厚的饼,两面煎约4分钟,待表面呈焦黄色时关火,切成宝宝容易吃的大小。

MEMO 用奶酪粉给辅食增加香味非常便捷。但奶酪含有盐分,应少量使用。

细嚼期
9~11个月

热量
维生素 矿物质
蛋白质
鸡蛋

常备食材变身营养丰富的辅食
## 青椒鸡蛋炒饭

[食材]

软饭(参见P22)…70g
(儿童碗7分满)
青椒…20g(中等大小的1/2个)
鸡蛋液…1/2个鸡蛋
植物油…少许

[做法]

1 青椒去蒂和籽,切成细丁。
2 平底锅内倒入油,用中火加热,倒入青椒翻炒2分钟左右,再加入软饭一起翻炒。
3 将鸡蛋液转着圈倒入锅中,翻炒至鸡蛋熟透。

咀嚼期
1岁~1岁半

热量
维生素 矿物质
蛋白质

海苔片在口中更易化开
## 海苔小饭团

[食材]

米饭(参见P22)…80g
(儿童碗8分满)
小鱼干…10g(略少于2大勺)
海苔…适量

[做法]

1 小鱼干用1/2杯热水浸泡5分钟后沥干,切成粗丁。
2 小鱼干与米饭拌在一起,搓成一口大小的圆团。将海苔撕碎,裹在饭团表面。

咀嚼期
1岁~1岁半

热量
维生素 矿物质
蛋白质
乳制品
小麦

牛奶糊让辅食口味丰富
## 芦笋牛奶盖饭

[食材]

软饭(参见P22)…90g
(儿童碗不足1碗)
芦笋…40g(中等大小的2根)
小麦粉…1小勺
牛奶…80ml
植物油…1/2小勺

[做法]

1 切掉芦笋根部较硬的部分,下半部分削皮。稍微煮一下,切成7mm见方的小块。
2 平底锅内倒入油,用中小火加热,倒入芦笋翻炒一会儿,倒入小麦粉搅拌,再倒入牛奶一边搅拌一边煮,直至呈黏稠状。
3 米饭倒入耐热容器,将芦笋牛奶羹浇在饭上,用烤箱加热7分钟左右,直至表面略微焦黄。

蠕嚼期

细嚼期

咀嚼期

# 切片面包

切片面包容易冷冻也容易解冻，烹制起来很方便。宝宝6个月之后可以吃面包羹，1岁前后可以吃能用手抓的面包辅食。

**如何挑选**

选择原味的切片面包。面包边如果很柔软，也可以食用。需要注意的是，黄油面包脂肪含量高，法式面包盐分较多。

**营养成分**

切片面包不仅含有淀粉，还有脂肪和盐分，所以食用量要比米饭少一些。切片面包与牛奶及乳制品搭配，可以给宝宝补钙。

## 各阶段辅食的形态

| 吞咽期 ▶▶▶ | 蠕嚼期 ▶▶▶ | 细嚼期 ▶▶▶ | 咀嚼期 |
|---|---|---|---|
| 5~6个月 | 7~8个月 | 9~11个月 | 1岁~1岁半 |

**6个月之后开始添加比较稳妥**

为了防止小麦过敏，建议从吞咽期的后半期，即6个月之后酌情少量添加。

用手撕碎或切碎后，倒入水或牛奶没过面包，煮软。

撕成1cm见方的块状，用水或牛奶浸泡一下，或者稍微烤一下。

切成方便宝宝手抓的大小，稍微烤一下。

## 烹制要点

**POINT 1 一开始用刀切胜过用手撕**

也可以用手撕切片面包，但撕出来是长条状。对于蠕嚼期的宝宝，建议用刀切碎。

**POINT 2 从细嚼期开始可以用手撕**

等宝宝能吃稍微大点的食物后，可以直接用手撕碎面包。面包与牛奶、鲣鱼高汤、蔬菜汤等搭配，可以组成丰盛的菜单。

**POINT 3 用微波炉也可以做面包羹**

将撕碎的面包放入耐热容器中，加入没过面包的水，松散地覆上保鲜膜，放入微波炉充分加热，然后焖一会儿，面包羹就做好了。早晨时间紧张，这样做早餐省时省力。

**POINT 4 用擀面杖碾压后更容易卷曲**

去掉边的面包用擀面杖碾压得更薄更长，方便做成三明治卷。但不要过于用力地碾压，轻轻压即可。

## 冷冻和解冻的小窍门

**基本技巧 冷冻成方便手抓或手撕的形状**

| 整片冷冻 | 条状冷冻 |
|---|---|

细嚼期之前，将面包切成1cm宽的条状冷冻，无论是做面包羹还是给宝宝用手抓着吃都很方便。进入咀嚼期后，可以整片冷冻，做三明治卷，用模具压出可爱的形状，也很方便。

**妈妈更轻松 用切片面包做出了1周岁的生日蛋糕**

用模具将切片面包压成圆形，涂上婴儿酸奶，再装饰上草莓。宝宝全部吃光光！和田佳子（妈妈）、心（女儿·1岁）

**将烤面包片冷冻方便宝宝随时抓着吃**

鸡蛋和牛奶搅拌均匀，涂在面包片上，烘烤后冷冻，宝宝想吃时随时可以吃，很方便！
桥本薰（妈妈）、结和（儿子·1岁）

蠕嚼期
7~8个月

热量
维生素矿物质
蛋白质
鸡蛋
乳制品
小麦

宝宝练习用舌头碾碎食物很合适
## 胡萝卜香蕉面包羹

[食材]
切片面包…10g(1/4片)
胡萝卜…20g(2cm见方的2块)
香蕉…20g(1/5根)
牛奶…1/4杯

[做法]
1 胡萝卜削皮煮软,研磨成碎末。
2 面包撕碎至锅中,加入香蕉和牛奶,一边加热一边碾碎香蕉。
3 待2的食材煮至软烂后,盛入碗中,点缀上胡萝卜泥即可。

蠕嚼期
7~8个月

热量
维生素矿物质
蛋白质
鸡蛋
乳制品
小麦

酸甜的橙汁让宝宝食欲大开
## 西红柿橙汁面包羹

[食材]
切片面包…15g(1/3片)
西红柿…20g(中等大小的1/8个)
橙汁…1小勺

[做法]
1 西红柿去掉皮和籽,研磨成泥。
2 面包撕碎放入耐热容器内,加入没过面包的水,待面包涨开后轻轻挤掉多余水分。覆上保鲜膜,用微波炉加热30秒左右。
3 将面包和西红柿泥混合并简单研磨,加入橙汁搅拌。最后加入少许白开水,调节软硬度。

蠕嚼期
7~8个月

热量
维生素矿物质
蛋白质
鸡蛋
乳制品
小麦

蛋黄带来温和香味
## 西蓝花鸡蛋面包羹

[食材]
切片面包…20g(1/2片)
西蓝花…15g(1.5小朵)
全熟鸡蛋黄…半个
水…4大勺
水溶淀粉…少许

[做法]
1 西蓝花煮软,切成细丁。
2 面包一边撕碎一边放入锅内,加水,静置5分钟,待面包吸水涨开,小火加热。
3 面包煮烂后,搅拌一下,加入西蓝花,并将蛋黄捏碎放入锅中,轻轻地搅拌均匀,最后倒入水溶淀粉使其呈黏稠状。

蠕嚼期
7~8个月

热量
维生素矿物质
蛋白质
鸡蛋
乳制品
小麦

蠕嚼期

软烂的口感让宝宝百吃不厌
## 草莓酸奶面包羹

[食材]
切片面包…20g(略少于1/2片)
草莓…10g(中等大小的1个)
酸奶…50g(1/4杯)

[做法]
1 草莓过滤成泥(第一次吃草莓的宝宝,需要加热一下让草莓变软,更容易消化,待草莓冷却后再用),与酸奶搅拌一下。
2 面包撕碎,与草莓和酸奶拌在一起,待面包涨开后,搅拌成黏稠状即可。

**细嚼期**
9~11个月

热量
维生素 矿物质
蛋白质

鸡蛋
乳制品
小麦

裹上蛋液是关键
## 法式烤面包

**POINT**

将橙汁均匀地淋在面包上，适当翻动面包，以保证均匀吸收。

【食材】
切片面包…25g
(1/2片)
橙汁(100%果汁)
…4大勺
鸡蛋液…半个
黄油…少许

【做法】
1 面包切成适合抓握的大小。
2 将切好的面包在盘子上摆开，淋上橙汁，浸透面包。
3 平底锅内放入黄油，用中小火加热，将面包片分别裹上鸡蛋液后，摆入锅中，煎至两面金黄，鸡蛋熟透为止。

---

**细嚼期**
9~11个月

热量
维生素 矿物质
蛋白质

鸡蛋
乳制品
小麦

西红柿汁增加水润口感
## 西红柿鸡蛋三明治

【食材】
切片面包…30g(2片)
西红柿…30g(中等大小的1/5个)
全熟鸡蛋…半个

【做法】
1 西红柿去掉皮和籽，切成粗丁。
2 全熟鸡蛋的蛋白切成粗丁，蛋黄与西红柿丁充分搅拌。
3 将蛋白、蛋黄和西红柿抹到一片面包上，覆上另一片面包，压紧后，切成合适的大小。

---

**细嚼期**
9~11个月

热量
维生素 矿物质
蛋白质

鸡蛋
乳制品
小麦

宝宝更爱吃脆脆的面包
## 香蕉豆腐泥配烤面包

【食材】
切片面包…15g(1片)
香蕉…30g(中等大小的1/4根)
北豆腐…20g(2cm见方的2块)

【做法】
1 豆腐过水稍煮后碾碎，香蕉也碾碎成泥，与豆腐搅拌在一起。
2 面包切成条状，用烤箱烤至焦黄后，蘸上香蕉豆腐泥即可。

---

**细嚼期**
9~11个月

热量
维生素 矿物质
蛋白质

鸡蛋
乳制品
小麦

用微波炉一热就ok
## 南瓜面包布丁

【食材】
切片面包…25g
南瓜…25g(3cm见方的1块)
鸡蛋液…半个鸡蛋
水…60ml

【做法】
1 南瓜去掉籽，用保鲜膜松散地包好，微波炉加热1分20秒，去掉皮，碾成泥。
2 将南瓜泥与鸡蛋液和水混合搅拌均匀。
3 面包撕成小块放到耐热容器里，再将南瓜泥与鸡蛋液、水的混合物倒入其中，静置5分钟使面包充分浸泡。然后覆上保鲜膜，放入微波炉加热1分30秒，直至鸡蛋全熟。

**MEMO** 为了保证蛋白质的摄入量不超标，建议打鸡蛋时加水，而不是牛奶。

**咀嚼期**
1岁~1岁半

热量
维生素
矿物质
蛋白质

鸡蛋
乳制品
小麦

用面包夹住食材，不容易掉出来
## 黄瓜奶酪三明治

**POINT**

在面包侧切面开个小口，塞进去的食材就不容易掉下来。

【食材】

切片面包…40g（8片装的4/5片）
黄瓜切片…8~10片　奶酪片…2/3片

【做法】

1 面包切成8~10等分，从侧面打开一个小口子，使其呈口袋状。
2 将奶酪片分成与面包同等片数，与黄瓜片一起均匀地塞入面包夹层。

**咀嚼期**
1岁~1岁半

热量
维生素
矿物质
蛋白质

鸡蛋
乳制品
小麦

巧用罐头食品，大人也爱吃!
## 金枪鱼玉米烤面包

**POINT**

奶油玉米的皮不易咀嚼，建议用过滤网将其去除。

【食材】

切片面包…40g（8片装的4/5片）
罐头装金枪鱼…10g　罐头装奶油玉米…1大勺

【做法】

1 奶油玉米过滤一下，与金枪鱼肉混合。
2 将金枪鱼与玉米混合物涂在面包上，用烤箱烤5分钟左右，最后切成条状。

**咀嚼期**
1岁~1岁半

热量
维生素
矿物质
蛋白质

鸡蛋
乳制品
小麦

方便携带的辅食
## 南瓜三明治卷

【食材】

切片面包…15g（1片）
南瓜…30g（3cm见方的1块）
奶酪粉…1小勺

【做法】

1 南瓜去掉皮和籽，稍微清洗一下，用保鲜膜松散地包好，放入微波炉加热约1分钟，取出后碾成泥状，与奶酪粉搅拌均匀。
2 用擀面杖将面包碾压平整，涂上南瓜泥和奶酪，然后卷成棒状，切一口大小即可。

**MEMO** 再加1小根香蕉（100g）也是不错的选择。

**咀嚼期**
1岁~1岁半

热量
维生素
矿物质
蛋白质

鸡蛋
乳制品
小麦

新鲜西红柿带来清新口感
## 西红柿奶酪烤面包片

【食材】

切片面包…40g（8片装的4/5片）
西红柿…40g（中等大小的1/4个）
比萨用奶酪…20g（3大勺）

【做法】

1 西红柿去掉皮和籽，切成细丁。
2 将西红柿丁均匀地放在面包片上，撒上奶酪，放入烤箱烘烤后，切成容易入口的大小。

细嚼期

咀嚼期

# 面条

- 乌冬面
- 素面
- 意大利面
- 炒面

◉ 如何挑选

乌冬面选择煮好后真空包装的，意大利面选择能很快煮软的。

◎ 营养成分

主要成分是淀粉。口感顺滑，方便宝宝进食，易与其他食材搭配，提高营养价值。可以与豆制品、鱼、肉等蛋白质类食物或蔬菜一起烹制，让营养更丰富。

很多宝宝都爱吃面条，面条的原料是小麦粉，建议 6 个月后吃乌冬面，7 个月后吃素面，9 个月后吃意大利面，炒面则 1 岁后再吃。

## 各阶段辅食的形态（乌冬面）

与实物等大

| 吞咽期 | 蠕嚼期 | 细嚼期 | 咀嚼期 |
|---|---|---|---|
| 5~6个月 | 7~8个月 | 9~11个月 | 1岁~1岁半 |

**6个月之后开始添加比较稳妥**

为防止小麦过敏，建议从吞咽期的后半期，即 6 个月之后再酌情少量添加。

切成 2mm 长的小段，煮至能用手指轻松捏碎的程度。

切成 1cm 长的段，煮至能用手指轻松捏碎的程度。

切成 2~3cm 长的段，煮至能用手指轻松捏碎的程度。

## 烹制要点

**POINT 1　连袋一起切开**

乌冬面或炒面等袋装的面，建议连袋子直接切开，剩下的用保鲜膜包好，放入冰箱保存，尽早吃完。

**POINT 2　乌冬面煮之前切碎**

乌冬面下锅煮之前是黏在一起的，非常容易切碎。菜刀沾水后更容易切。蠕嚼期辅食要切得足够碎，煮得足够软。

**POINT 3　素面折断后再煮**

干的素面可以用手折断，这样煮熟后就不需要用刀切碎了。需要注意的是，素面的盐分较多，一定要沥水。

**POINT 4　意大利面煮熟切碎**

既容易用叉子叉起，又方便手抓的意大利螺旋面比较受欢迎。煮时不放盐，煮至可以用手指轻轻捏碎的程度后，切成适当的长度。

## 冷冻和解冻的小窍门

**基本技巧　煮软后将每顿的量分装冷冻**

〈用分装容器冷冻〉　〈用保鲜膜包好冷冻〉

所有面类都切成适当长度，煮软，再按照一顿的量分装冷冻。解冻时用微波炉解冻或加热，即可迅速恢复柔软状态。

**妈妈更轻松　我家宝宝最爱吃切碎的冷冻乌冬面**

我家买的软乌冬面，是专门切碎用来做辅食的，可以直接吃，非常方便。村上美纱子（妈妈）、里奈（女儿·1岁2个月）

**将素面用布包好利用桌角折碎**

卡擦 卡擦

将素面用布包好后，对准桌角上下滑动，素面一下子就变得粉碎，很有意思。秋山育代（妈妈）、悠太（儿子·8个月）

**蠕嚼期**
**7~8个月**

热量
蛋白质
小麦

用小鱼干为乌冬面提味
## 小鱼干乌冬面

**[食材]**
乌冬面…40g(1/5包)
小鱼干…10g(略少于2大勺)
水…2/3杯

**[做法]**
1 乌冬面切成丁。
2 将小鱼干用1/2杯热水浸泡5分钟,捞出后切成细丁。
3 锅内倒入乌冬面丁、水、小火煮5分钟,直至乌冬面变软。然后加入小鱼干,再煮1分钟左右,关火、盛入碗中。

**蠕嚼期**
**7~8个月**

热量
维生素矿物质
蛋白质
小麦

纳豆将食材黏在一起
## 彩椒纳豆乌冬面

**[食材]**
水煮乌冬面…40g(1/5包)
彩椒…20g(中等大小的1/6个)
纳豆碎…15g(1大勺)

**[做法]**
1 彩椒去皮后煮软,切成细丁。
2 将乌冬面切碎,煮至用手指可以碾碎的程度,滤掉汤汁。
3 将纳豆碎、彩椒丁和乌冬面放入碗中,充分拌匀。

**蠕嚼期**
**7~8个月**

热量
维生素矿物质
蛋白质
小麦

鱼汤带来温润口感
## 白萝卜鲷鱼乌冬面

**[食材]**
水煮乌冬面…50g(1/4包)
白萝卜…15g(2.5cm见方的1块)
鲷鱼…10g(生鱼片1块)
鲣鱼高汤…1/2杯

**[做法]**
1 乌冬面、白萝卜切成丁。
2 锅内倒入乌冬面和鲣鱼高汤,用小火煮5分钟,直至乌冬面变软。加入鲷鱼,煮熟后,将鱼肉拨碎并搅拌均匀。

**蠕嚼期**
**7~8个月**

热量
维生素矿物质
蛋白质
小麦

丰富的口感让进餐更有乐趣
## 鸡肉青菜乌冬面

**[食材]**
水煮乌冬面…40g(1/5包)
小青菜叶…10g(1片)
鸡胸肉…10g(1/5块)
鲣鱼高汤…1杯

**[做法]**
1 乌冬面、小青菜、鸡胸肉切成丁。
2 锅内倒入乌冬面、小青菜和鲣鱼高汤,用小火煮5分钟,直至乌冬面变软。然后加入鸡胸肉,煮熟后关火。

蠕嚼期

**蠕嚼期**
**7~8个月**

热量
维生素矿物质
蛋白质
小麦

南瓜的甜味搭配素面的清淡
## 南瓜鸡肉盖浇面

【食材】

素面…15g（略少于1/3束）
南瓜…20g（2cm见方的2块）
鸡胸肉…10g（1/5块）
鲣鱼高汤…1/3杯

【做法】

1 素面折碎，充分煮软后，用冷水冲洗一下，沥掉水分。
2 锅内倒入鲣鱼高汤，煮开后倒入鸡胸肉，煮熟后捞起切成小丁。
3 南瓜去掉皮和籽，用2中的汤水煮软，碾磨成泥，再倒入鸡胸肉一并搅拌。
4 素面倒入碗中，浇上南瓜鸡肉末即可。

**蠕嚼期**
**7~8个月**

热量
维生素矿物质
蛋白质
小麦

木鱼花带来浓浓香味
## 木鱼花香茄子面

【食材】

素面…15g（略少于1/3束）
茄子…20g（中等大小的1/4个）
木鱼花…少许

【做法】

1 素面充分煮软后，用冷水冲洗一下，沥掉水分，切得细碎。
2 茄子去皮，用保鲜膜松散地包好，放入微波炉加热20秒，切碎。
3 面条和茄子、木鱼花搅拌均匀即可。

 **POINT**

蠕嚼期的宝宝，素面要切成1cm长。可以先折断后煮熟，也可以煮熟后再切碎。

**细嚼期**
**9~11个月**

热量
维生素矿物质
蛋白质
小麦

很适合冬季的汤面
## 面筋白菜面

【食材】

素面…20g（略少于1/2束）
白菜…30g（不足1/3片）
面筋…3个
鲣鱼高汤…1/2杯

【做法】

1 将素面折成2cm长的段，煮熟后用冷水过一下，沥掉水分。
2 白菜切成细丝。锅内倒入鲣鱼高汤，煮开后倒入白菜，煮软。
3 加入素面，将面筋撕碎放入锅中，煮软为止。

**POINT**

面筋吸收了汁水就会膨胀，变成柔软的口感。

**细嚼期**
**9~11个月**

热量
维生素矿物质
蛋白质
小麦

丰富的口感满足宝宝咀嚼的欲望
## 芦笋肉圆乌冬面

【食材】

水煮乌冬面…60g（略多于1/4包）
芦笋…20g（中等大小的1根）
淀粉…1/2小勺
A（瘦猪肉糜…15g
葱丁…1小勺
淀粉…1/2小勺）
鲣鱼高汤…1/3杯

【做法】

1 将芦笋根部较硬的部分去掉，削皮，煮后切丁，撒上淀粉。再将乌冬面切成1~2cm的段。
2 将食材A倒入料理盆，加入芦笋丁，搅拌充分后，搓成肉圆。
3 锅内倒入鲣鱼高汤，用中火煮开后，倒入肉圆，煮开后放入乌冬面，煮软为止。

细嚼期
9~11个月

热量

维生素
矿物质

蛋白质

小麦

清爽的口感适合食欲不振的宝宝
## 冻豆腐凉面

[ 食材 ]

素面…30g(略多于2/3束)
黄瓜…20g(中等大小的1/5根)
冻豆腐末(参见P152)…1小勺
鲣鱼高汤…1/3杯

[ 做法 ]

1 锅内倒入鲣鱼高汤,煮开后倒入豆腐,稍煮一下,捞出冷却。

2 黄瓜削皮,切成1cm的段,再切成细丝,与豆腐搅拌在一起。

3 素面折成2cm的段,煮软后用冷水过一遍,沥掉水分倒入碗中,浇上豆腐拌黄瓜丝即可。

细嚼期
9~11个月

热量

维生素
矿物质

蛋白质

小麦

速成的美味宝宝也喜欢
## 肉酱意大利面

[ 食材 ]

意大利面…20g
西红柿…30g(中等大小的1/5个)
洋葱…10g(1cm宽的扇形切片)
瘦牛肉片…15g
水…3大勺
橄榄油…少许

[ 做法 ]

1 洋葱切丁,西红柿去皮去籽、切丁,牛肉剁碎。

2 意大利面折成2~3cm的段,比包装上规定的时间煮得略长一些,确保煮得足够软,捞出盛入盘中。

3 在平底锅内倒入橄榄油,开中火,将牛肉和洋葱倒入翻炒1分钟,加入西红柿和水,改成中小火,煮软后浇在意大利面上。

细嚼期
9~11个月

热量

维生素
矿物质

蛋白质

小麦

黏滑的浇头让面条更美味
## 卷心菜猪肉盖浇面

[ 食材 ]

水煮乌冬面…60g(略多于1/4包)
卷心菜…25g(中等大小的半片)
葱丁…1小勺
瘦猪肉糜…15g(1大勺)
蔬菜高汤…1/4杯
A(淀粉…1/2小勺 水…1小勺) 芝麻油…少许

[ 做法 ]

1 卷心菜切成1cm长的细丝。

2 平底锅内倒入芝麻油,开中火,先倒入葱丁和卷心菜翻炒,然后加入猪肉糜继续翻炒,再倒入蔬菜高汤,煮至卷心菜柔软,最后倒入搅拌后的材料A,使其变黏滑。

3 乌冬面切成1.5cm的段,稍煮后,盛入碗中,浇上卷心菜猪肉的浇头。

细嚼期
9~11个月

热量

维生素
矿物质

蛋白质

小麦

用纳豆碎将食材黏在一起
## 和风菠菜纳豆意大利面

[ 食材 ]

意大利面…25g
菠菜…20g(2/3棵)
纳豆碎…18g(略多于1大勺)

[ 做法 ]

1 菠菜煮软后切碎。

2 意大利面折成2cm长的段,比包装上建议的时间煮得略长一些,确保煮得足够软。

3 将菠菜、意大利面与纳豆碎搅拌均匀。

蠕嚼期

细嚼期

面条

咀嚼期
1岁~1岁半

热量
维生素,矿物质
蛋白质
小麦

水分让肉香充分入味
## 猪肉炒乌冬面

[食材]
水煮乌冬面…100g(1/2包)
洋葱…30g(中等大小的1/5个)
瘦肉片…15g
植物油…少许
水…1.5大勺

[做法]
1 乌冬面切成2~3cm长的段,洋葱切成丝;猪肉切成1cm长的丝。
2 平底锅内倒入油,开中火,倒入猪肉、洋葱略炒一下。加入乌冬面、水,翻炒至水分收干。

咀嚼期
1岁~1岁半

热量
维生素,矿物质
蛋白质
小麦

鲣鱼高汤带来浓香
## 油菜乌冬面

[食材]
水煮乌冬面…100g(1/2包)
油菜…30g(中等大小的3/4棵)
葱丁…1小勺
瘦猪肉片…15g
鲣鱼高汤…1杯

[做法]
1 乌冬面切成2~3cm长的段,油菜和猪肉片切成不足1cm长的段。
2 锅内倒入鲣鱼高汤煮开,放入乌冬面、油菜,煮3分钟左右直至变软。
3 加入猪肉片,煮得嫩软即可。

咀嚼期
1岁~1岁半

热量
维生素,矿物质
蛋白质
小麦

好消化的人气菜品
## 西红柿豆腐面

[食材]
素面…30g(略多于2/3束)
西红柿…40g(中等大小的1/4个)
豆腐…50g(1/6块)
鲣鱼高汤…1/3杯

[做法]
1 西红柿去皮去籽、切丁,豆腐过一下热水。
2 素面折成2cm的段后煮软,用冷水过一遍,沥掉水分。
3 将素面盛入碗中,豆腐捏碎后放在上面,再浇上西红柿丁,最后淋上鲣鱼高汤。

咀嚼期
1岁~1岁半

热量
维生素,矿物质
蛋白质
小麦

丰富蔬菜带来清香
## 蔬菜意大利面

[食材]
螺旋面…30g
卷心菜叶…25g(中等大小的1/2片)
芦笋尖…5g(1~2根)
圣女果…2个
蔬菜高汤…2/3杯
水溶淀粉…少许

[做法]
1 卷心菜叶切丁,芦笋尖切成1cm的段,圣女果去皮去籽、切丁。
2 意大利螺旋面煮得软一些,切成适当大小。
3 将蔬菜高汤烧开,加入1和2中所有食材,煮至变软,最后倒入水溶淀粉,轻轻搅拌均匀。

112

咀嚼期
1岁～1岁半

热量

维生素
矿物质

蛋白质

小麦

用金枪鱼提味
## 西红柿金枪鱼面

**[食材]**
意大利面…30g
西红柿…20g(中等大小的1/8个)
金枪鱼罐头…15g(1.5大勺)
橄榄油…少许

**[做法]**
1 西红柿去掉皮和籽,切成粗丁。
2 意大利面折成2~3cm的段,煮得偏软一些。
3 平底锅倒入橄榄油,开中火加热,倒入西红柿和金枪鱼,稍炒一下,倒入意大利面,整体搅拌均匀。

咀嚼期
1岁～1岁半

热量

维生素
矿物质

蛋白质

小麦

乳制品

豆浆与黄油带来双重浓香
## 菠菜豆浆面

**[食材]**
螺旋面…30g
菠菜…30g(1棵)
纯豆浆…1/4杯
黄油…少许

**[做法]**
1 菠菜煮软后,切成1cm的段;螺旋面煮得偏软一些,切成适中大小。
2 在平底锅内放入黄油,开中火,倒入菠菜和螺旋面轻炒一下,然后倒入豆浆煮1分钟即可。

咀嚼期
1岁～1岁半

热量

维生素
矿物质

蛋白质

鸡蛋

小麦

将大人的食谱辅食化
## 什锦炒面

**[食材]**
炒面…70g(略少于1/2包)
卷心菜叶…20g(中等大小的1/3片)
胡萝卜…10g(2cm见方的1块) 水…2大勺
瘦猪肉片…10g
植物油…少许

**[做法]**
1 卷心菜叶、胡萝卜、猪肉切成1cm长的细丝;炒面切成2~3cm的段。
2 平底锅倒入植物油,开中火加热,然后倒入猪肉、卷心菜叶、胡萝卜翻炒。
3 将炒面、水倒入锅中,翻炒至水分收干。

咀嚼期
1岁～1岁半

热量

蛋白质

小麦

大受欢迎的小点心
## 黄豆粉砂糖拌螺旋面

**[食材]**
螺旋面…20g
黄豆粉…1/2大勺
砂糖…1/2小勺

**[做法]**
1 将黄豆粉和砂糖充分拌匀。
2 将螺旋面充分煮软后,撒上黄豆粉和砂糖的混合物。

**MEMO** 为避免黄豆粉四处飞散,应静置至不掉粉的状态。

咀嚼期

# 薯类
- 土豆
- 红薯

薯类食物含有大量的淀粉，可以作为辅食期宝宝的主食。经过加热很容易碾碎。

**如何挑选**

捧在手上沉甸甸的，没有瑕疵，表皮光滑。土豆要选择没有长芽的。

**营养成分**

主要成分是淀粉，还有大量耐高温的维生素C，可以预防感冒。同时，还含有大量的膳食纤维，可以缓解便秘。营养价值较高，既可以作为主食，也可以作为零食。

## 各阶段辅食的形态（土豆）

与实物等大

| 吞咽期 ▶▶▶ | 蠕嚼期 ▶▶▶ | 细嚼期 ▶▶▶ | 咀嚼期 |
|---|---|---|---|
| 5~6个月 | 7~8个月 | 9~11个月 | 1岁~1岁半 |

| | | | |
|---|---|---|---|
| 充分加热至软烂，过滤一下，加水调节稀稠度。 | 加热至软烂后，研磨成泥，再加水调节稀稠度。 | 加热至软烂后，切成5mm见方的小块，或粗略碾碎。 | 加热至软烂后，切成1cm见方的小块，或粗略碾碎。 |

## 烹制要点

**POINT 1** 土豆要去芽

土豆的芽（即坑洼的部分），或发绿的皮内含有有毒物质，要用刀尖挖掉，或将发绿的皮厚厚地削掉。

**POINT 2** 切片后水煮

将去皮后的土豆切成1cm厚的片，放入锅中，加水没过土豆片，充分煮软。如果有昆布的话，可以加入少许用来提味。

**POINT 3** 可以用微波炉整个加热

土豆连皮洗干净后，潮湿的状态下裹上保鲜膜，用微波炉按照每100g加热2分钟的标准加热。然后趁热去皮。

**POINT 4** 红薯皮要削得厚一点

红薯皮内侧的纤维比较硬，削皮时尽量厚一些，然后用水冲一下，用水煮熟，或连皮蒸熟。加热越充分，甜味越浓。

## 冷冻和解冻的小窍门

**基本技巧** 煮软后碾碎或切块储存

＼用保鲜膜包好冷冻／　＼装入保鲜袋冷冻／

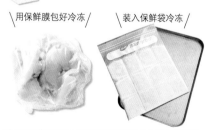

对于吞咽期的宝宝，建议妈妈将薯类食物装入保鲜袋，平铺后划出等分的格子冷冻，使用时直接折断一块即可。蠕嚼期开始，可以碾成泥或切成块冷冻储存。

**妈妈更轻松** 用电饭锅蒸熟方便又香甜

红薯用锡纸包好，与大人的米饭同煮，省时省力！由于蒸的时间较长，甜味也完全释放出来了。宫古（妈妈）、儿子（9个月）

**集中烹煮后搓成丸子冷冻**

将薯类食物煮熟后，搓成丸子冷冻起来。这样拿取方便，量也容易控制。上野真理子（妈妈）、稜空（儿子·1岁）

吞咽期
5～6个月

热量

维生素
矿物质

**西红柿为清淡的土豆增加酸味**
# 西红柿土豆泥

**[食材]**
土豆…20g(中等大小的1/8个)
西红柿…3g(1/2小勺果肉)

**[做法]**
1 土豆削皮,煮至软烂,用滤网过滤成泥。再加入一些煮土豆的汤汁,调至顺滑状态,盛入碗中。
2 西红柿去掉皮和籽,用滤网过滤后,点缀在土豆泥上。

**MEMO** 加入昆布与土豆一起煮,就做成了美味的昆布高汤。

吞咽期
5～6个月

热量

蛋白质

**红薯的甜与大豆的香搭配在一起**
# 豆香红薯泥

**[食材]**
红薯…20g(2cm见方的2块)
豆浆…1～2大勺

**[做法]**
1 红薯厚厚地削皮,在水中浸泡5分钟,煮至软烂,然后用滤网过滤成泥。
2 将红薯泥倒入锅中,再加入豆浆,小火加热,最后拌匀即可。

吞咽期
5～6个月

热量

维生素
矿物质

**土豆泥缓解西蓝花的颗粒感**
# 西蓝花土豆泥

**[食材]**
土豆…15g(中等大小的1/10个)
西蓝花…10g(1小朵)

**[做法]**
1 土豆削皮,煮至软烂,用滤网过滤成泥(留下煮土豆的汤汁)。
2 用土豆汤汁将西蓝花煮软,只留下花蕾部分,并碾成泥。与土豆泥搅拌均匀,用汤汁调至顺滑状态。

吞咽期
5～6个月

热量

**用鲣鱼高汤中和红薯的甜味**
# 和风红薯泥

**[食材]**
红薯…20g(2cm见方的2块)
鲣鱼高汤…2～3大勺

**[做法]**
1 红薯厚厚地削皮,在水中浸泡5分钟,煮至软烂,然后用滤网过滤成泥。
2 将鲣鱼高汤与红薯泥搅拌在一起,调至顺滑黏稠的状态即可。

**MEMO** 很多宝宝不习惯薯类略微粗糙的口感,建议用鲣鱼高汤调和。

**蠕嚼期**
**7~8个月**

热量
维生素矿物质
蛋白质
乳制品
小麦

土豆泥与西蓝花汁搅拌调节软硬度
## 西蓝花汁拌土豆泥

**[食材]**
土豆…45g(中等大小的不足1/3个)
西蓝花…20g(2小朵)
牛奶…2大勺
黄油…1/2小勺
小麦粉…1/4小勺

**[做法]**
1 土豆去皮后煮烂,碾成泥,再加一些汤汁拌匀,使其更加顺滑,然后盛入碗中。
2 西蓝花煮软,切下花蕾部分,碾碎。
3 锅内放入黄油,用小火加热,倒入小麦粉搅拌,然后加入西蓝花泥继续搅拌。最后倒入牛奶搅拌均匀,倒在土豆泥上即可。

**蠕嚼期**
**7~8个月**

热量
维生素矿物质

红薯与多汁的苹果泥非常相配
## 红薯苹果泥

**[食材]**
红薯…30g(中等大小的1/8个)
苹果…10g(1个1cm宽的扇形切片)
水…3大勺

**[做法]**
1 红薯厚厚地削皮,在清水中浸泡5分钟。苹果去皮和籽。
2 在锅内倒入红薯、苹果、水,煮至软烂。
3 红薯与苹果碾碎成泥,搅拌均匀即可。

**MEMO** 酸甜多汁的苹果泥是红薯泥的最佳伴侣。

**蠕嚼期**
**7~8个月**

热量
蛋白质

一口锅就可以完成
## 鲑鱼土豆沙拉

**[食材]**
土豆…40g(中等大小的不足1/3个)
生鲑鱼肉…10g(1/12片寿司用生鱼片)

**[做法]**
1 鲑鱼去除皮和鱼刺。
2 土豆去皮后切成薄片,放入锅中,倒入没过的水,用中火煮软。
3 将鲑鱼肉倒入土豆锅中煮熟后,捞出鲑鱼和土豆(汤汁留着备用),充分碾碎,再浇一些汤汁调节软硬度。

**蠕嚼期**
**7~8个月**

热量
维生素矿物质
蛋白质
乳制品

酸奶的独特口感让宝宝更爱吃
## 红薯苹果泥配酸奶

**[食材]**
红薯…40g(中等大小的1/6个)
苹果…10g(1个1cm宽的扇形切片)
原味酸奶…3大勺

**[做法]**
1 红薯厚厚地削皮,在清水中浸泡5分钟,再煮至软烂并碾成泥。
2 苹果去掉皮和种子,煮软后碾成泥,与红薯泥搅拌。
3 将酸奶盛至容器内,把搅拌好的红薯苹果泥点缀在酸奶上,一边搅拌一边喂给宝宝。

细嚼期
9～11个月

热量

维生素
矿物质

蛋白质

**肉香与土豆充分融合**
# 土豆炖肉

**[ 食材 ]**

土豆…30g(中等大小的1/5个)
洋葱…15g(1个1.5cm宽的扇形切片)
瘦牛肉薄片…10g
鲣鱼高汤…1/2杯

**[ 做法 ]**

1 土豆去皮,切成7mm见方的小块。洋葱切成薄片后切碎,牛肉切碎。
2 锅内倒入鲣鱼高汤、土豆、洋葱,用小火加热,煮软。
3 加入牛肉,一边去除浮沫,一边煮至入味。

细嚼期
9～11个月

热量

蛋白质

乳制品

**红薯融入温和奶香**
# 奶香红薯粥

**[ 食材 ]**

红薯…50g(中等大小的1/5个)
5倍粥(参见P22)…40g(不足3大勺)
牛奶…2大勺
奶酪粉…1/3小勺

**[ 做法 ]**

1 红薯厚厚地削皮,在水中浸泡5分钟,然后煮软,并切成7mm见方的小块。
2 锅内倒入5倍粥、红薯块、牛奶,用小火加热后,整体搅拌均匀。
3 盛入容器中,撒上奶酪粉即可。

咀嚼期
1岁～1岁半

热量

维生素
矿物质

蛋白质

乳制品

**利用黄油和牛奶提味**
# 牛奶煮土豆

**[ 食材 ]**

土豆…60g(中等大小的不足1/2个)
洋葱…30g(中等大小的1/5个)
水…1/4杯
牛奶…1/4杯
黄油…少许

**[ 做法 ]**

1 土豆去皮,切成半径1cm的扇形。洋葱切成1cm见方的小块。
2 将土豆、洋葱、水倒入锅内,盖上锅盖,用中小火加热,煮软。
3 倒掉锅内汤汁,加入牛奶和黄油,用小火煮2分钟即可。

咀嚼期
1岁～1岁半

热量

**散发着红薯的自然香气**
# 轻炸红薯

**[ 食材 ]**

红薯…50g(中等大小的1/5个)　植物油…适量

**[ 做法 ]**

1 红薯切成7mm粗的条,在水中浸泡5分钟,捞出后擦干水分。
2 将红薯倒入锅中,再倒入没过的油,开中火加热4~5分钟后,捞出滤掉多余油分即可。

**POINT**

锅内只须倒入没过红薯的油量,就能轻松炸出美味。

蠕嚼期

细嚼期

咀嚼期

# 谷物类
· 玉米片
· 燕麦片

玉米片（原料为玉米）或燕麦片（原料为燕麦）也非常适合作为辅食的主食。不仅烹制起来很方便，营养也非常丰富。

**如何挑选**
玉米片要选择不含糖的，不能用膳食纤维丰富的糙米片。

**营养成分**
玉米片和燕麦片都含有优质淀粉，燕麦片还含有丰富的铁、维生素 B$_1$、膳食纤维。两者都被加工得容易烹煮，加入水果或牛奶就是营养丰富的快手早餐。

## 各阶段辅食的形态（玉米片）

| 吞咽期 ▶▶▶ | 蠕嚼期 ▶▶▶ | 细嚼期 ▶▶▶ | 咀嚼期 |
|---|---|---|---|
| 5~6个月 | 7~8个月 | 9~11个月 | 1岁~1岁半 |
| **X** 还不能食用 |  |  |  |
| 膳食纤维较多，不适合吞咽期的宝宝食用。 | 碾碎之后，加入牛奶一起加热，再浸泡至软烂。 | 粗略捣碎后，加入牛奶泡软。 | 可以直接加牛奶浸泡后喂给宝宝。 |

## 烹制要点

**POINT 1** 倒入保鲜袋内用手捏碎

如果需要将玉米片加工得更碎，可以倒入保鲜袋中，用手挤碎至所需状态，简单省力！加水后一经加热，就变成了理想的玉米粥。

**POINT 2** 燕麦片无须捏碎

燕麦片是将燕麦粒切割后压片制成的，无须再人为捏碎。可以与鲣鱼高汤、浓汤或果汁等一起加热，做成美味的燕麦粥。

**POINT 3** 燕麦片变身燕麦饼

将燕麦片加热后再冷却，容易凝固，利用这一特点，将燕麦片与牛奶搅拌后，放入微波炉加热，就可以变身燕麦饼（详见下一页食谱）。

**POINT 4** 冷藏后可以结成块

待燕麦片冷藏凝固后，切成小块给宝宝吃很方便。还可以加入香蕉泥、葡萄干碎粒（少量）等一起搅拌后冷藏，口味更加丰富。

## 冷冻和解冻的小窍门

**基本技巧** 一次多做些燕麦饼冷冻储存

\用保鲜膜包好/

做好的燕麦饼可以用保鲜膜包好冷冻起来。解冻时用微波炉加热会变硬，建议室温自然解冻。

**妈妈更轻松** 热牛奶+番茄汁温度刚刚好

燕麦片和牛奶一起用微波炉加热后，加入凉的番茄汁，温度刚刚好，味道也很棒！瑞叶妈妈、瑞叶（女儿·8个月）

**玉米片拌香蕉是我家的常备辅食**

用温水浸泡玉米片后，与香蕉搅拌，制作起来非常简单，宝宝也爱吃。小林纱枝（妈妈）、圣奈（女儿·9个月）

**蠕嚼期 7~8个月**

热量 / 维生素、矿物质 / 蛋白质 / 乳制品

胡萝卜含有丰富的维生素
## 胡萝卜泥拌玉米片

[食材]
玉米片…7g(1/3杯)
胡萝卜…20g(2cm见方的2块)
原味酸奶…50g(略多于3大勺)

[做法]
1 胡萝卜削皮后打成泥,放入耐热容器中,覆上保鲜膜,微波炉加热约40秒。
2 将玉米片捏碎后与酸奶搅拌在一起,静置5分钟。
3 待玉米片变软后,与胡萝卜泥搅拌均匀。

**蠕嚼期 7~8个月**

热量 / 维生素、矿物质 / 蛋白质

口感黏稠,宝宝能用舌头碾碎
## 芦笋小鱼干燕麦粥

[食材]
燕麦片…15g(1/4杯)
芦笋…30g(中等大小的1.5根)
小鱼干…10g(略少于2大勺)
鲣鱼高汤…1/2杯

[做法]
1 将芦笋根部坚硬的部分切除,然后削皮、切丁。小鱼干用热水焯一下,去掉盐分。
2 锅内倒入鲣鱼高汤煮开后,加入芦笋和小鱼干煮软,最后加入燕麦片,煮1~2分钟即可。

**细嚼期 9~11个月**

热量 / 维生素、矿物质 / 蛋白质 / 乳制品

与水果的甘甜相得益彰
## 苹果玉米片拌酸奶

[食材]
玉米片…10g(1/2杯)
苹果…10g(1片1cm宽的扇形切片)
原味酸奶…50g(略多于3大勺)

[做法]
1 苹果去皮去核,切成6mm见方的小粒,放入耐热容器中,覆上保鲜膜,用微波炉加热1秒左右(将时间调整过1分钟,立刻结束加热即可)。
2 玉米片捏碎成适当大小,放入容器中,倒上酸奶,最后撒上苹果粒。

**咀嚼期 1岁~1岁半**

热量 / 乳制品

口感酥脆,便于手抓
## 燕麦饼

[食材]
燕麦片…30g(1/2杯)
牛奶…1/4杯

[做法]
1 将燕麦片倒入耐热容器,浇上牛奶,轻轻搅拌。
2 轻轻覆上保鲜膜,放入微波炉加热1分50秒,然后静置5分钟。表面热气散去后取出,切成适当大小。

**MEMO** 如果宝宝偏爱较软的口感,可以充分搅拌酸奶。

# 胡萝卜

鲜艳的橙色和微甜的口感，让胡萝卜广受宝宝们的喜爱。胡萝卜不仅营养价值高，而且容易烹制成糊状，是整个辅食期十分理想的食材。

**⊙ 如何挑选**

选择颜色鲜艳，有弹性的。如果带叶子，就选择叶子比较翠绿的。胡萝卜越红，胡萝卜素含量越高。

**⊙ 营养成分**

胡萝卜素能够强化皮肤和黏膜组织，β-胡萝卜素还能提高免疫力。胡萝卜用油烹制后，胡萝卜素更易被人体吸收。此外，胡萝卜还能够调理肠胃，宝宝出现腹泻或便秘时，不妨吃一些。

## 与实物等大 各阶段辅食的形态

| 吞咽期 ▶▶▶ | 蠕嚼期 ▶▶▶ | 细嚼期 ▶▶▶ | 咀嚼期 |
|---|---|---|---|
| 5~6个月 | 7~8个月 | 9~11个月 | 1岁~1岁半 |

煮软后用滤网过滤或研磨。 | 煮软后切成薄片，碾碎后再剁碎。 | 煮至手指可以捏碎的程度后，切成 5mm 见方的小块。 | 煮至手指可以捏碎的程度后，切成 1cm 见方的小块。

## 烹制要点

**POINT 1 大块下锅煮出甜味**

保留营养和甜味的秘诀是切成大块水煮。将胡萝卜切成三等分的段，放入冷水煮 30 分钟左右，煮软后研磨或碾碎都很方便。

**POINT 2 煮熟后再研磨口感更好**

生的胡萝卜磨碎后再煮熟，口感比较粗糙，建议先煮熟再研磨，口感会顺滑很多。

**POINT 3 至少切成5mm厚的片**

 ✕  ◎

胡萝卜片如果太薄，煮的时候表面容易形成一层膜，反而不容易煮烂。切成 5mm 以上的厚度，才更容易煮烂。

**POINT 4 用微波炉加热时要加水**

用微波炉加热胡萝卜时，稍微加一些水，加热时间长一些，就可以达到手指碾碎的程度。一般 3 片胡萝卜（50g）加 3 大勺水，加热 2 分钟即可。

## 冷冻和解冻的小窍门

**基本技巧 煮软后按照不同形态分装冷冻**

↘ 放入小餐盒内

↘ 用保鲜膜封好

对于吞咽期的宝宝，可以用计量勺将每一顿的量计算好，然后用制冰格冷冻保存。蠕嚼期之后，可以用保鲜膜封好，或者用硅胶杯等小容器分装冷冻。

**妈妈更轻松 我是这样做的**
**保鲜膜分装冷冻保存**
**解冻后用擀面杖敲碎**

我觉得胡萝卜煮好后剁碎再冷冻，比较麻烦。所以我想到将胡萝卜煮好切成条状后，按照一顿的量用保鲜膜封好，冷冻保存，解冻后用擀面杖直接带着保鲜膜将胡萝卜敲碎。连菜刀都不用，很省力！鲛岛南南子（妈妈）、藤菜（女儿·10 个月）

↘ 切成条后，按照每顿的量分装保存

简简单单就完成了

鲣鱼高汤的香味与蔬菜的甜味互相搭配

## 鲣鱼高汤煮双色萝卜泥

**[ 食材 ]**
胡萝卜…5g(1.5cm见方的1块)
白萝卜…5g(1.5cm见方的1块)
鲣鱼高汤…适量

**[ 做法 ]**
1 胡萝卜和白萝卜去皮后放入锅内,倒入没过的鲣鱼高汤,用小火煮软(汤汁留用)。
2 将两种萝卜捞出后,用滤网滤成泥状,最后加入汤汁调节软硬度。

豆腐泥带来顺滑口感

## 胡萝卜豆腐泥

**[ 食材 ]**
胡萝卜…10g(2cm见方的1块)
豆腐…20g(2cm见方的2块)

**[ 做法 ]**
1 胡萝卜削皮后煮软,用滤网过滤成泥(汤汁留用)。
2 豆腐用胡萝卜的汤汁煮熟后,捞出过滤成泥,与胡萝卜泥搅拌均匀即可。

香蕉的甜味让美味加倍

## 胡萝卜香蕉泥

**[ 食材 ]**
胡萝卜…10g(2cm见方的1块)
香蕉…20g(1/5小根)

**[ 做法 ]**
1 胡萝卜削皮后煮软,用滤网滤成泥(汤汁留用)。
2 香蕉碾成泥,然后与胡萝卜泥搅拌在一起,最后加入汤汁调得顺滑一些。

胡萝卜泥给鱼肉增加顺滑口感

## 胡萝卜鲷鱼泥

**[ 食材 ]**
胡萝卜…10g(2cm见方的1块)
鲷鱼…5g(1/2片寿司用生鱼片)
鲣鱼高汤…适量

**[ 做法 ]**
1 鲷鱼用热水煮熟后碾成泥,用鲣鱼高汤调和一下。
2 胡萝卜削皮后煮软并碾成泥,然后盛入碗中,点缀上鲷鱼肉即可。

MEMO 煮蔬菜的汤汁非常适合用来调节软硬度,不要随便倒掉。

胡萝卜

蠕嚼期
7~8个月

热量

维生素
矿物质

蛋白质

利用小鱼干提味
### 鱼香胡萝卜粥

【食材】
胡萝卜…15g(2.5cm见方
的1块)
小鱼干…10g(不足2大勺)
7倍粥(参见P22)…50g(3
大勺多)
水…1/3杯
水溶淀粉…少许

【做法】
1 胡萝卜削皮，碾成泥。小鱼干用1/2杯热水浸
泡5分钟后沥干水分，切碎。
2 胡萝卜泥和小鱼干末倒入锅中，加水，用小
火煮开后再煮1分钟，倒入水溶淀粉调成黏
稠状。
3 将7倍粥盛入碗中，浇上调好的胡萝卜泥和
小鱼干末。

蠕嚼期
7~8个月

维生素
矿物质

蛋白质

乳制品

奶酪酸味醇厚
### 白干酪拌胡萝卜泥

【食材】
胡萝卜…20g(2cm见方
的2块)
白干酪…4小勺

【做法】
1 胡萝卜削皮后煮软，研磨成泥。
2 将胡萝卜泥与白干酪充分搅拌。

MEMO 白干酪的脂肪和盐分含量都比较少，是比较理想的辅食，建议从蠕嚼期
开始添加。

细嚼期
9~11个月

维生素
矿物质

蛋白质

乳制品

酸奶口感酸爽
### 胡萝卜香蕉沙拉

【食材】
胡萝卜…20g(2cm见方
的2块)
香蕉…1/3小根
黄瓜…10g(中等大小的
1/10根)
原味酸奶…2小勺

【做法】
1 胡萝卜削皮后煮软，与香蕉都切成7mm见方
的小块，加酸奶搅拌后盛入碗中。
2 黄瓜研磨成泥后，去掉多余水分，点缀在拌
好的胡萝卜香蕉上。

细嚼期
9~11个月

热量

维生素
矿物质

蛋白质

鸡蛋

乳制品

小麦

胡萝卜泥为营养和美味加分
### 胡萝卜泥烤面包

【食材】
胡萝卜…40g(中等大小
的1/4根)
A(鸡蛋液…1/6个鸡蛋
牛奶…35ml)
切片面包…25g(8片装
的1/2片)
黄油…3g

【做法】
1 胡萝卜去皮后煮软，碾成泥，与食材A搅拌均
匀。
2 将切片面包浸泡于1中，锅内放入黄油，用小
火加热融化后，放入浸泡好的面包片，煎至
两面金黄后，切成适当大小即可。

细嚼期
9~11个月

维生素
矿物质

蛋白质

鸡蛋

给讨厌胡萝卜的宝宝
## 胡萝卜味煎鸡蛋

**[ 食材 ]**
胡萝卜…30g(中等大小的1/5根)
鸡蛋液…1/2个　植物油…少许

**[ 做法 ]**
1. 胡萝卜削皮后研磨成泥,与鸡蛋液搅拌均匀。
2. 平底锅内倒油,用中火加热,倒入搅拌好的胡萝卜鸡蛋液。
3. 双面煎熟后,切成大小适中的块即可。

POINT

胡萝卜泥要研磨至不掺杂颗粒,才可与鸡蛋液搅拌。

---

细嚼期
9~11个月

热量

维生素
矿物质

小麦

加小麦粉炸成手抓辅食
## 青海苔味炸胡萝卜片

**[ 食材 ]**
胡萝卜…30g(中等大小的1/5根)
A(小麦粉…4大勺
青海苔…1/3小勺
水…不足1大勺)
橄榄油…少许

**[ 做法 ]**
1. 胡萝卜削皮后研磨成泥。
2. 胡萝卜泥与食材A倒入料理盆内搅拌均匀。
3. 将橄榄油倒入平底锅内,用中火加热,然后一勺勺地将搅拌好的胡萝卜舀入锅中,煎至两面酥脆为止。

---

咀嚼期
1岁~1岁半

维生素
矿物质

乳制品

黄油带来浓厚香味
## 甜煮胡萝卜和西蓝花

**[ 食材 ]**
胡萝卜…20g(2cm见方的2块)
西蓝花…10g(1小朵)
水…适量
黄油…3g
砂糖…1小撮

**[ 做法 ]**
1. 胡萝卜削皮后,切成7mm见方的小块。西蓝花切成1cm的段。
2. 锅内倒入胡萝卜块,再加入没顶的水、黄油、砂糖,用小火煮2分钟,加入西蓝花,继续煮至软烂。

---

咀嚼期
1岁~1岁半

维生素
矿物质

蛋白质

用肉香帮助宝宝克服对胡萝卜的厌恶
## 鸡肉炖胡萝卜

**[ 食材 ]**
胡萝卜…20g(2cm见方的2块)
鸡腿肉…15g
水…1/2杯

**[ 做法 ]**
1. 胡萝卜削皮后,用削皮刀削成薄片,再粗略切碎。将鸡腿肉的皮和脂肪去掉,切成1cm见方的小块。
2. 将胡萝卜和鸡腿肉倒入锅内,加水,用小火煮至胡萝卜软烂即可。

# 南瓜

南瓜是黄绿色蔬菜中营养价值名列前茅的蔬菜。加热后碾成泥，如果觉得口感发涩，可以加水调和一下。天然的甜味也颇受宝宝们喜欢。

● 如何挑选

选择表皮有光泽且坚硬，拿在手里沉甸甸的。如果是切开的，选择种子比较密集，果肉颜色鲜艳的南瓜。

● 营养成分

自古以来，南瓜就是人们在冬季用来预防感冒的蔬菜。它富含 β- 胡萝卜素、提高抵抗力的维生素 C、促进血液循环的维生素 E 等，营养价值非常高，可以帮助我们有效调节身体状态。

## 与实物等大各阶段辅食的形态

| 吞咽期 ▶▶▶ | 蠕嚼期 ▶▶▶ | 细嚼期 ▶▶▶ | 咀嚼期 |
|---|---|---|---|
| 5~6个月 | 7~8个月 | 9~11个月 | 1岁~1岁半 |

煮软之后用滤网过滤，再加水调节软硬度。

煮软后仔细碾成泥，再加水调节软硬度。

煮软后粗略地碾碎，或者切成容易入口的大小。

煮软后切成容易入口的大小。略煎一下更方便宝宝用手抓着吃。

## 烹制要点

**POINT 1 大块直接蒸熟更甜**

南瓜富含淀粉，切成 1/4~1/8 大小后直接蒸熟，甜味更加浓郁。去掉皮和籽后蒸 20~30 分钟，用竹签可以穿过的程度即可。

**POINT 2 用微波炉加热也OK**

为了防止水分流失，去皮去籽后用保鲜膜封好，再放入微波炉。虽然食谱中介绍了用微波炉加热少量南瓜的方法，但还是建议尽量切成大块加热，这样更容易成功。

**POINT 3 加热后去皮更便捷**

用微波炉加热时，建议按照每100g 加热 2 分钟的标准，但是，100g 以下需要加热更长时间。加热后，用小勺轻轻松松就能把瓜肉刮下来。

**POINT 4 煮熟后用叉子压成泥很方便**

南瓜去掉皮和籽，切成 1cm 厚的片状放入锅中，加入刚刚没过的水煮软。可以同时加入肉末一起煮。去掉多余水分后，可以用叉子直接压成泥，很方便。

## 冷冻和解冻的小窍门

**基本技巧** 煮软后根据不同辅食期的需要分装冷冻

\ 用保鲜膜封好后压出格子 / \ 用保鲜膜封好 /

南瓜泥用保鲜膜封好，放入保鲜袋内，压出等分的格子后冷冻。如果是碾得较粗的泥，或切块的话，可以直接用保鲜膜包好，放入容器中冷冻保存。

**妈妈更轻松** 市售的南瓜泥烹制起来很方便

我家直接用市面上出售的南瓜泥。做南瓜粥、面包羹、松饼都很方便。刘（妈妈）、琉太（儿子·11 个月）

用保鲜袋装好后压出网格冷冻后只需折取一顿的量

加水解冻

按照等分网格线，每折一块就是一顿的量。加水后用微波炉解冻，就变成理想的南瓜泥了。优子（妈妈）、空（女儿·5 个月）

维生素矿物质

蛋白质

加入豆浆与鲣鱼高汤，让甜味更加温和
## 和风南瓜汤

**[ 食材 ]**
南瓜…10g（2cm见方的1块）
豆浆…2大勺
鲣鱼高汤…2大勺

**[ 做法 ]**
1 南瓜去掉籽，用保鲜膜松散地包好，放入微波炉加热约30秒，然后去皮。
2 锅内倒入豆浆、鲣鱼高汤、南瓜，用小火加热。
3 将煮好的汤汁倒入研磨碗研磨得细腻一些。

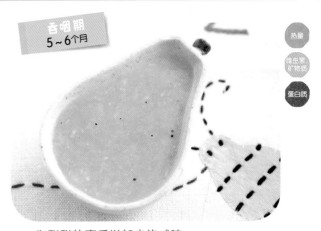

热量

维生素矿物质

蛋白质

为甜甜的南瓜增加少许咸味
## 南瓜鱼干粥

**[ 食材 ]**
南瓜…10g（2cm见方的1块）
10倍粥（参见P22）…30g（2大勺）
小鱼干…5g（不足1大勺）

**[ 做法 ]**
1 小鱼干用半杯热水浸泡5分钟，沥干水分。
2 南瓜去掉皮和籽，煮软。
3 将小鱼干用研磨棒碾碎，最后加入10倍粥、南瓜一起碾碎。

维生素矿物质

蛋白质

加入豆腐泥更便于宝宝用舌头碾碎
## 南瓜豆腐泥

**[ 食材 ]**
南瓜…15g（2.5cm见方的1块）
嫩豆腐…30g（3cm见方的1块）

**[ 做法 ]**
1 南瓜去掉皮和籽，煮软并碾成泥，加一点白开水调节柔软度。
2 豆腐煮熟后，简单地碾碎。
3 将南瓜泥和豆腐泥盛入碗中，一边拌匀一边喂给宝宝。

维生素矿物质

蛋白质

用纳豆的黏性中和南瓜泥的粗糙感
## 纳豆拌南瓜

**[ 食材 ]**
南瓜…15g（2.5cm见方的1块）
纳豆碎…10g（2小勺）

**[ 做法 ]**
1 南瓜去掉籽，用保鲜膜松散地包好，放入微波炉加热约40秒，然后去皮，简单地碾碎。
2 将纳豆碎与南瓜泥搅拌均匀。

**MEMO** 如果觉得有些硬，可以加入白开水或鲣鱼高汤调得软一些。

# 南瓜

**蠕嚼期**
**7~8个月**

热量
维生素 矿物质
蛋白质
鸡蛋
乳制品
小麦

香气四溢
## 南瓜牛奶面包羹

【食材】
南瓜…15g(2.5cm见方的1块)
切片面包…15g(8片装的1/3片)
牛奶…1大勺
水…60ml

【做法】
1 南瓜去掉籽,用保鲜膜松散地包好放入微波炉加热1分钟,然后去掉皮碾成泥,加入牛奶搅拌均匀,放入微波炉加热20秒。
2 面包撕成小块放入锅内,加水,用中小火煮至羹状。
3 将面包羹盛入碗中,浇上牛奶拌南瓜泥。

**蠕嚼期**
**7~8个月**

维生素 矿物质
蛋白质
乳制品

搅起沉入碗底的南瓜喂宝宝
## 奶香南瓜汤

【食材】
南瓜…20g(2cm见方的2块)
牛奶…2大勺
水…40ml

【做法】
1 南瓜去掉籽,用保鲜膜松散地包好放入微波炉加热1分钟,去皮,细腻地碾成泥。
2 将牛奶、南瓜泥、水倒入锅中搅拌均匀,用小火煮1~2分钟即可。

MEMO 加入玉米片或燕麦片,就变成了西式牛奶粥。

**细嚼期**
**9~11个月**

热量
维生素 矿物质
蛋白质
乳制品

酸奶取代奶酪,带来酸爽口感
## 酸奶焗南瓜粥

【食材】
南瓜…30g(3cm见方的1块)
5倍粥(参见P22)…60g(儿童碗半碗)
原味酸奶…40g(2.5大勺)

【做法】
1 南瓜去掉籽,用保鲜膜松散地包好,放入微波炉加热1分半,然后去皮,粗略碾碎。
2 将5倍粥与南瓜搅拌均匀,放入耐热容器。
3 浇上酸奶,放入烤箱烤7分钟。

**细嚼期**
**9~11个月**

热量
维生素 矿物质
蛋白质
鸡蛋
乳制品
小麦

营养丰富,建议多做一些备用
## 西红柿南瓜煮黄豆

【食材】
南瓜…20g(2cm见方的2块)
西红柿…20g(中等的1/8个)
水煮黄豆…10g(1大勺)
橄榄油…少许
切片面包…适量

【做法】
1 南瓜去掉籽,用保鲜膜松散地包好放入微波炉加热1分钟,然后去皮,粗略碾碎。
2 西红柿去掉皮和籽,切成碎末。将黄豆表面的透明薄皮去掉,切成小粒。
3 平底锅内倒入橄榄油,用中火加热,放入西红柿翻炒几下,再倒入南瓜、黄豆搅拌均匀,盛入碗中,与大小适中的面包片搭配着吃。

MEMO 煮西红柿还可以浇在粥或咸饼干上,灵活搭配。

热量
维生素 矿物质
蛋白质
乳制品
小麦

细嚼期
9～11个月

口感黏滑软糯
## 南瓜小馄饨

**[ 食材 ]**
南瓜…25g(不足3cm见方的1块)
牛奶…1/2小勺
馄饨皮…3片
黄豆粉…少许

**[ 做法 ]**
1. 南瓜去掉籽,用保鲜膜松散地包好放入微波炉加热1分钟,然后去掉皮,碾成泥,与牛奶搅拌在一起。
2. 将每片馄饨皮切成4片,每小片里包入牛奶南瓜泥,在边缘涂上一点水,捏成三角形。
3. 锅内烧开水,馄饨下锅煮至皮呈半透明,然后捞出沥掉水分,盛入碗中,撒上黄豆粉。

蛋白质

细嚼期
9～11个月

不妨多做些,妈妈也一起吃
## 南瓜豆浆小饼

**[ 食材 ]**
南瓜…100g
豆浆…1/2杯
水…1/4杯
琼脂(粉末)…2g

**[ 做法 ]**
1. 南瓜去皮,用保鲜膜松散地包好,放入微波炉加热1分半,取出后翻面再加热1分钟,然后取出去皮,碾成泥,与豆浆充分搅拌。
2. 锅内倒水,放入琼脂,一边搅拌一边用小火煮1~2分钟,然后倒入南瓜豆浆的混合物。
3. 将2倒入盘(约12cm×8cm)中,冷却至室温后放入冰箱冷藏凝固。切成容易入口的大小,或用模具做成可爱的形状,盛入盘中。

维生素 矿物质
蛋白质

咀嚼期
1岁～1岁半

口感软糯易入口,做成盖饭超好吃
## 烂煮南瓜鸡肉

**[ 食材 ]**
南瓜…30g(3cm见方的1块)
鸡肉末…15g(1大勺)
水…1/2杯
水溶淀粉…少许

**[ 做法 ]**
1. 南瓜去掉皮和籽,切成1cm见方的小块。
2. 将南瓜块、水倒入锅中,用中火煮开,再加入鸡肉末,一边打散肉末,一边撇掉浮沫,然后调成小火,煮至南瓜软烂为止。
3. 加入水溶淀粉搅拌均匀,达到黏稠状即可。

**MEMO** 水溶淀粉能很好地调节肉末干燥的口感。

维生素 矿物质
蛋白质

咀嚼期
1岁～1岁半

块状南瓜带来松软口感
## 南瓜鸡蛋卷

鸡蛋
乳制品

**[ 食材 ]**
南瓜…30g(3cm见方的1块)
鸡蛋…1个
牛奶…1/2大勺
盐…少许
橄榄油…1/2小勺

**[ 做法 ]**
1. 南瓜去掉皮和籽,煮软后,切成7~8mm见方的小块。
2. 鸡蛋打散,再加入牛奶、盐、南瓜,搅拌均匀。
3. 平底锅内倒入橄榄油加热,将2的一半倒入锅中。达到半熟状态后,将鸡蛋向一边卷起,再倒入另一半,用同样的方法卷起。待全熟之后,盛盘冷却,切成容易入口的大小。

蠕嚼期

细嚼期

咀嚼期

# 西红柿

西红柿可以生吃，加热后酸味会变柔和，甜味会增加。可以用西红柿为口味清淡的辅食调味，同时带来丰富的营养，一举两得。

**◉ 如何挑选**

蒂的水分充足，表皮有光泽的西红柿是比较理想的。带绿色的西红柿比较酸，要选择完全成熟的。

**◉ 营养成分**

富含胡萝卜素、维生素C，以及抑制有害活性酶活动的番茄红素。丰富的谷氨酸成分带来香甜味道。越是熟透的西红柿营养价值越高，泛青的西红柿需要在日光下晒一晒来催熟。

## 各阶段辅食的形态（与实物等大）

| 吞咽期 ▶▶▶ | 蠕嚼期 ▶▶▶ | 细嚼期 ▶▶▶ | 咀嚼期 |
|---|---|---|---|
| 5~6个月 | 7~8个月 | 9~11个月 | 1岁~1岁半 |

| | | | |
|---|---|---|---|
| 去掉皮和籽，将果肉过滤成泥，再加一些水调节软硬度。 | 去掉皮和籽，将果肉碾成泥。 | 去掉皮和籽，将果肉切成5mm见方的小块。 | 去掉皮和种子，将果肉切成1cm见方的小块。 |

## 烹制要点

**POINT 1 切成半圆的块易于去皮**

将西红柿切成半圆形的块，方便去籽，用刀沿着弧度就可以轻松地剥皮。

**POINT 2 圣女果对半切开容易去籽**

每个圣女果10g左右，烹饪时很好计算分量，甜味也比西红柿浓，非常适合做辅食。对半切开后，用筷子就能轻松去掉籽。

**POINT 3 用微波炉给圣女果去皮很方便**

给圣女果去皮，用微波炉比用热水烫更方便。对半切开后，去掉籽，将切面朝下放入耐热容器中，覆上保鲜膜，按照1个圣女果10秒的标准加热即可。

**POINT 4 加热后轻轻一剥即可去皮**

圣女果加热后很容易去皮。圣女果的皮不仅不容易消化，还会黏在宝宝的喉咙上造成危险，所以用于制作辅食时，一定要先去皮。

## 冷冻和解冻的小窍门

**基本技巧**

放入保鲜袋 → 冷冻后也很容易去皮

**去掉籽并切好冷冻后去皮也方便**

西红柿对半切开，去掉籽，大约八等分，然后冷冻保存。需要时，直接取出放入水中浸泡，皮很容易就剥下来了。但冷冻后的西红柿，必须加热一下才能吃。

### 妈妈更轻松

**用市售的水煮西红柿给意大利螺旋面调味**

我很喜欢买袋装的水煮西红柿，经常用来给宝宝做西红柿味的意大利面。樽见美希（妈妈）、阳季（儿子·1岁1个月）

**不含盐的西红柿汁适合用来煮粥或做汤**

我会将西红柿汁用制冰格冷冻起来，做粥或拌饭时放一些，宝宝很喜欢。桥本薰（妈妈）、结和（儿子·1岁）

吞咽期 5~6个月

热量

维生素 矿物质

土豆泥变成粉色
### 西红柿土豆泥

**[ 食材 ]**

西红柿…5g(1小勺果肉)

土豆…15g(中等大小的1/10个)

**[ 做法 ]**

1. 土豆去皮,煮至软烂(汤汁留用)。
2. 西红柿去掉皮和籽,碾成细滑的泥状。
3. 将土豆与西红柿拌在一起,再碾碎一遍,最后加入土豆汤汁调节稀稠度。

吞咽期 5~6个月

热量

维生素 矿物质

习惯10倍粥后,可以用西红柿提味
### 西红柿粥

**[ 食材 ]**

西红柿…10g (2小勺果肉)

10倍粥(参见P22)…30g (2大勺)

鲣鱼高汤…2小勺

**[ 做法 ]**

1. 西红柿去掉皮和籽,用滤网滤成泥。
2. 将10倍粥用研磨碗碾碎一遍。
3. 西红柿泥与粥搅拌在一起,加入鲣鱼高汤搅拌均匀即可。

蠕嚼期 7~8个月

维生素 矿物质

蛋白质

西红柿与蛋黄匹配度很高
### 西红柿泥拌蛋黄

**[ 食材 ]**

西红柿…20g(中等大小的1/8个)

蛋黄(煮至全熟的鸡蛋黄)…半个

**[ 做法 ]**

1. 西红柿去掉皮和籽,切碎。
2. 将西红柿盛入盘中,蛋黄用滤网过滤一下,撒在西红柿上面,一边拌匀一边喂给宝宝。

鸡蛋

蠕嚼期 7~8个月

维生素 矿物质

蛋白质

用多汁的西红柿中和鱼肉干燥的口感
### 西红柿煮鲷鱼

**[ 食材 ]**

西红柿…20g(中等大小的1/8个)

鲷鱼…10g(1片寿司用生鱼片)

水…1大勺

**[ 做法 ]**

1. 西红柿去掉皮和籽,粗略地切碎。
2. 西红柿倒入锅中,加水,用小火加热,再加入鲷鱼。待鲷鱼煮熟后,用叉子等工具将鱼肉拨开,与西红柿充分搅拌均匀即可。

吞咽期

蠕嚼期

**MEMO** 作为辅食,蛋黄要从1小勺的量开始添加,之后逐渐增加。

**蠕嚼期**
**7~8个月**

热量

维生素
矿物质

蛋白质

乳制品

蔬菜要充分切碎
## 西红柿卷心菜粥

**【食材】**
西红柿…10g(2小勺果肉)
卷心菜…10g(中等大小的1/5片)
5倍粥(参见P22)…50g(3大勺多)
奶酪粉…1/4小勺

**【做法】**
1 西红柿去掉皮和籽,切成细末。卷心菜煮软,切成细末。
2 西红柿与5倍粥搅拌在一起,加入卷心菜,撒上奶酪粉即可。

**蠕嚼期**
**7~8个月**

维生素
矿物质

蛋白质

乳制品

用勺子拌起三种美味
## 西红柿苹果酸奶三色甜品

**【食材】**
西红柿…15g(1大勺果肉)
苹果…10g(1cm宽的扇形切片)
原味酸奶…1大勺

**【做法】**
1 西红柿去掉皮和籽,切成细末。将苹果去皮,松散地包上保鲜膜后放入微波炉加热约30秒,然后切碎。
2 将苹果、酸奶、西红柿依次盛入容器中。

**MEMO** 西红柿要选择熟透的,如果是圣女果的话1个就够了。

**细嚼期**
**9~11个月**

维生素
矿物质

蛋白质

充分炒熟的西红柿甜味更浓厚
## 木鱼花炒西红柿

**【食材】**
西红柿…30g(中等大小的1/5个)
木鱼花…1小撮
植物油…少许

**【做法】**
1 西红柿去掉皮和籽,切成边长不足1cm的小块。
2 将植物油倒入平底锅中,用中火加热,然后倒入西红柿翻炒1分钟,再加入木鱼花一起搅拌即可。

**细嚼期**
**9~11个月**

维生素
矿物质

蛋白质

乳制品

利用家常食材的速成食谱!跟面包也很配
## 奶酪焗西红柿

**【食材】**
西红柿…30g(中等大小的1/5个)
奶酪片…1/2片

**【做法】**
1 西红柿去掉皮和籽,切成边长不足1cm的小块。
2 将西红柿倒入耐热容器中,再将奶酪片撕碎撒在上面。
3 放入烤箱烤5分钟,直至奶酪融化。

**MEMO** 木鱼花吸收了西红柿的汁水,更容易咀嚼。

细嚼期
9~11个月

维生素
矿物质

蛋白质

乳制品

用奶酪中和西红柿的酸味

## 西红柿炒西蓝花

【 食材 】
西红柿…15g(1大勺果肉)
西蓝花…10g(1小朵)
橄榄油…少许
奶酪粉…1/3小勺

【 做法 】
1 西红柿去掉皮和籽,切成7mm见方的小块。
2 西蓝花煮软,切成与西红柿相同大小的块。
3 将橄榄油倒入平底锅内,用中火加热,然后倒入西红柿和西蓝花翻炒至熟透,最后撒上奶酪粉。

细嚼期
9~11个月

维生素
矿物质

蛋白质

丰富多彩的蔬菜激起宝宝食欲

## 多彩炖菜杂烩

【 食材 】
西红柿…10g(2小勺果肉)
茄子…10g(中等大小的1/8个)
彩椒和青椒…共10g
橄榄油…少许
水…1/3杯

【 做法 】
1 西红柿去掉皮和籽,切成小丁。
2 彩椒和茄子去皮,切成1cm见方的小块。青椒切成5mm见方的小块。
3 锅内倒入橄榄油,用中火加热,倒入彩椒、青椒、茄子翻炒。然后加入西红柿和水,改成中小火煮5分钟,直至软烂熟透。

咀嚼期
1岁~1岁半

维生素
矿物质

蛋白质

清爽口感让宝宝胃口大开

## 西红柿豆腐羹

【 食材 】
西红柿…30g(中等大小的1/5个)
北豆腐…50g(1/6块)
鲣鱼高汤…1/2杯
水溶淀粉…少许
植物油…少许

【 做法 】
1 西红柿去掉皮和籽,切成小丁。
2 在锅内倒入植物油,用中火加热,再倒入西红柿简单翻炒一下。
3 加入鲣鱼高汤,将豆腐一边碾碎一边撒入锅中,煮熟后倒入水溶淀粉,搅拌至羹状即可。

咀嚼期
1岁~1岁半

维生素
矿物质

蛋白质

一款香气四溢的炒菜,浇在饭上也很合适

## 芝麻油炒西红柿纳豆

【 食材 】
西红柿…40g(中等大小的1/4个)
纳豆…20g(1大勺多)
芝麻油…少许

【 做法 】
1 西红柿去掉皮和籽,切成1cm见方的小块。
2 平底锅内倒入芝麻油,用中小火加热,然后倒入纳豆翻炒1分钟左右。
3 将西红柿倒入锅中与纳豆一起翻炒,直到入味为止。

MEMO 与纳豆一起翻炒,可以给菜肴增加自然的黏稠感。西红柿也可以用其他蔬菜代替。

# 绿叶菜

·菠菜
·油菜
·青菜

绿叶菜富含铁和膳食纤维，辅食主要用菜叶部分。充分碾碎或剁碎是烹制绿叶菜的关键。

◎ 如何挑选

菜叶的颜色浓，菜茎的部分水分充足的比较理想。如果菜叶有破损，要趁新鲜尽快烹制。

◎ 营养成分

绿叶菜营养价值很高，除了维生素，还含有铁、钙等矿物质。摄入绿叶菜，不仅能预防贫血，还有利于宝宝骨骼和牙齿的发育。如果宝宝排斥绿叶菜粗糙的口感，就尽量烹制得细腻一些。

## 各阶段辅食的形态（菠菜）

 与实物等大

| 吞咽期 | ▶▶▶ | 蠕嚼期 | ▶▶▶ | 细嚼期 | ▶▶▶ | 咀嚼期 |

5~6个月　　7~8个月　　9~11个月　　1岁~1岁半

只用菜叶部分。煮软后，用滤网过滤，或者研磨成泥，再增加黏稠感。

只用菜叶部分。煮软后切成2mm的细末，再增加黏稠感。

菜叶和菜茎皆可用。煮软后切成5mm的碎段，再增加黏稠感。

菜叶和菜茎皆可用。煮软后切成5mm~1cm的段。

## 烹制要点

**POINT 1** 根部泥土冲洗干净

在料理盆内用水充分浸泡根部，吸收了水分之后，菜叶也会变得更坚挺。根部要充分展开，将泥土冲洗干净。

**POINT 2** 菠菜焯一下去掉土腥味

菠菜含有草酸，要提前用热水焯一下。作为宝宝的辅食，要比成人菜肴多焯一会儿，然后捞出拧干。

**POINT 3** 碾碎至没有纤维

作为吞咽期婴儿的辅食，菠菜要碾碎至完全没有纤维。推荐冷冻成条状后再碾碎的方法（参见本页下方）。菠菜碾得越细腻，宝宝越容易吃光光。

**POINT 4** 蠕嚼期结束前只用菜叶部分

吞咽期、蠕嚼期只使用柔软的菜叶部分。从细嚼期开始才能食用切碎的菜茎部分。整个辅食期，婴儿都对膳食纤维比较敏感，所以需要细心料理。

## 冷冻和解冻的小窍门

**基本技巧** 最初冷冻为条状后期煮软再切碎

\ 包裹成条状 /

\ 用保鲜膜包好 /

\ 用硅胶杯分装好 /

吞咽期时，煮熟后包裹成条状再冷冻，然后只碾碎菜叶部分。进入蠕嚼期后，则煮软、切碎后用保鲜膜封好，或盛入硅胶杯中冷冻。

**妈妈更轻松** 市售的冷冻菠菜择取菜叶很方便

市售切好的冷冻菠菜，很容易择取菜叶部分，非常方便。百合（妈妈）、卡琳（女儿·6个月）

配上酸奶和香蕉绿叶菜的味道就被掩盖了

宝宝很讨厌菠菜，但是将菠菜泥与酸奶或香蕉泥搅拌在一起，他就很喜欢吃，尤其是香蕉泥。太一妈妈、太一（儿子·6个月）

巧用南瓜带来甜味和黏稠感
## 菠菜泥配南瓜

【食材】
菠菜叶…5g(1大片)
南瓜…10g(2cm见方的
1块)
豆浆…1小勺
水…1/4小勺

【做法】
1 菠菜叶煮软后切成小丁，再碾成泥，加水调
得顺滑一些。
2 南瓜去掉皮和籽，煮软后，用滤网过滤成泥，
加入豆浆搅拌均匀。
3 将南瓜泥倒入碗中，点缀上菠菜泥，一边搅
拌一边喂给宝宝。

菠菜配豆腐，双倍补铁
## 菠菜豆腐粥

【食材】
菠菜叶…10g(2大片)
10倍粥(参见P22)…30g
(2大勺)
冻豆腐末(参见P152)…
1小勺

【做法】
1 菠菜叶煮软后切碎，碾成泥。
2 将10倍粥与菠菜泥拌在一起，再次碾碎，然
后加入冻豆腐搅拌。
3 把粥、菠菜泥、豆腐的搅拌物倒入耐热容器
中，覆上保鲜膜，放入微波炉加热约20秒。

菜粥是不变的经典
## 菠菜蛋黄粥

【食材】
菠菜叶…15g(3大片)
7倍粥(参见P22)…50g
(3大勺多)
蛋黄(熟透的蛋黄)…1/2
个

【做法】
1 菠菜叶稍煮一下，切成碎丁。
2 把7倍粥和菠菜叶倒入锅中，用小火加热，然
后加入蛋黄，一边碾碎一边搅拌均匀即可。

用玉米的醇香消除青菜的苦涩
## 菠菜拌玉米泥

【食材】
菠菜叶…10g(2大片)
玉米汤…10g(2小勺)

【做法】
1 菠菜叶煮软后，切成细末。
2 玉米汤用滤网过滤一下。
3 将菠菜和玉米汤搅拌均匀即可。

**MEMO** 玉米汤中含有玉米粒的薄皮，要用滤网过滤一下。

绿叶菜

**蠕嚼期**
**7~8个月**

维生素
矿物质

蛋白质

没有土腥味的青菜可直接入锅
## 青菜炖冻豆腐泥

**[ 食材 ]**

青菜叶…20g(2片)
冻豆腐末(参见P152)…
1/2大勺
鲣鱼高汤…1/2杯

**[ 做法 ]**

1 青菜叶切成细末。

2 鲣鱼高汤倒入锅中煮开，倒入青菜叶，用小火煮3分钟，直至软烂。

3 加入豆腐泥，再煮1分钟即可。如果汤汁变少了，及时加一些水。

**蠕嚼期**
**7~8个月**

维生素
矿物质

蛋白质

增加黏稠感后，菜和肉更容易入口
## 油菜炖鸡胸肉

**[ 食材 ]**

油菜叶…20g(2大片)
鸡胸肉…10g
鲣鱼高汤…1/3杯
水溶淀粉…少许

**[ 做法 ]**

1 油菜用开水迅速焯一下，然后捞出切成细末。将鸡胸肉切成细末。

2 鲣鱼高汤倒入锅内煮开，放入油菜，用小火煮2分钟左右，直至软烂。

3 鸡胸肉倒入锅中，煮熟后，倒入水溶淀粉后，搅拌成黏稠状即可。

**细嚼期**
**9~11个月**

热量

维生素
矿物质

蛋白质

鸡蛋

非常适合不爱吃蔬菜的宝宝
## 香煎油菜土豆泥

**[ 食材 ]**

油菜…20g(中等大小的
1/2棵)
土豆…50g(中等大小的
1/3个)
鸡蛋液…1/2个
植物油…少许

**[ 做法 ]**

1 油菜煮软后切成细末。

2 土豆去皮后煮软，趁热碾成泥，与油菜、鸡蛋液搅拌。

3 平底锅内倒入油，用中火加热，将2的搅拌物用小勺舀出一口大小的团，依次放入锅中，煎2分钟左右，直至双面都煎熟为止。

**细嚼期**
**9~11个月**

维生素
矿物质

蛋白质

搭配红肉增加铁的摄入
## 青菜炖牛肉

**[ 食材 ]**

青菜…30g(1/3颗)
瘦牛肉薄片…10g
芝麻油…少许
水…1/4杯
水溶淀粉…少许

**[ 做法 ]**

1 青菜切成3mm宽、2cm长的条状，牛肉切成1cm长的细丝。

2 平底锅内倒入芝麻油，用中火加热，然后倒入青菜轻轻翻炒一下，再加水，用小火煮软。

3 牛肉倒入锅中，煮熟后，倒入水溶淀粉，搅拌至黏稠状即可。

咀嚼期
1岁~1岁半

维生素
矿物质

蛋白质

煮得软烂是关键
## 油菜煮金枪鱼

**[ 食材 ]**

油菜…30g(中等大小的
3/4棵)
金枪鱼肉(罐头)…15g
(1大勺)
水…1/2杯

**[ 做法 ]**

1 油菜切成不足1cm的段。
2 将油菜倒入锅中，加入金枪鱼肉、水，用
中火煮开后，调成小火，炖至油菜软烂为
止。

咀嚼期
1岁~1岁半

维生素
矿物质

蛋白质

纳豆温和的口感与青菜很相配
## 青菜纳豆汤

**[ 食材 ]**

青菜…50g(1/2棵)
纳豆…20g(1大勺多)
鲣鱼高汤…60ml

**[ 做法 ]**

1 青菜切成1cm左右的段。
2 将鲣鱼高汤倒入锅中煮开，放入青菜，用
小火煮软。
3 纳豆加入锅中，稍煮一下即可。

**MEMO** 纳豆加热后会形成特有的醇厚口感，很适合做汤。

咀嚼期
1岁~1岁半

热量

维生素
矿物质

蛋白质

小麦

木鱼花点缀出简单和风
## 菠菜木鱼花意大利面

**[ 食材 ]**

菠菜…30g(1棵)
意大利面…30g
木鱼花…2g
橄榄油…适量

**[ 做法 ]**

1 菠菜煮软，切成2cm的段。
2 意大利面折成2~3cm的段，煮得比包装上说
明的时间更久一些，保证足够软。
3 将橄榄油倒入平底锅内，用中火加热，倒入
菠菜和意大利面翻炒，最后撒上木鱼花搅拌
均匀。

咀嚼期
1岁~1岁半

热量

维生素
矿物质

蛋白质

用盐和芝麻油调味的韩国紫菜包饭风
## 菠菜鸡肉海苔卷

**[ 食材 ]**

菠菜…30g(1棵)
鸡肉末…20g(1大勺多)
A (酒…1/4小勺
盐…少许)
米饭…80g
紫菜(整张)…2/3片
芝麻油…少许

**[ 做法 ]**

1 菠菜煮软后，切成细末。
2 在平底锅内倒入芝麻油，用中火加热，再
倒入鸡肉末翻炒一下，然后加入调料A，
炒至收汁。
3 将米饭与菠菜、鸡肉搅拌在一起，紫菜铺
开，米饭盛在上面，然后卷成紫菜饭卷，
再切成容易入口的小段即可。

蠕嚼期

细嚼期

咀嚼期

# 西蓝花

营养价值高，烹制起来也比较省力，因此很受欢迎。如果宝宝不喜欢西蓝花的颗粒感，妈妈要仔细碾碎，或做得黏稠一些。

⚫ **如何挑选**
花蕾部分比较紧凑，颜色浓绿的为佳品。不要选茎干有裂口的。

⚫ **营养成分**
含有均衡的维生素和矿物质，尤其富含β-胡萝卜素和加热也不易受损的维生素C。为了防止维生素流失，用较少的水烹煮是关键。放在汤汁中直接冷却，甜味不易流失。

## 与实物等大各阶段辅食的形态

| 吞咽期 ▶▶▶ | 蠕嚼期 ▶▶▶ | 细嚼期 ▶▶▶ | 咀嚼期 |
|---|---|---|---|
| 5~6个月 | 7~8个月 | 9~11个月 | 1岁~1岁半 |

花蕾煮软，切下花头，用滤网滤成泥，或用研磨碗磨碎，增加顺滑口感。

花蕾煮软，切下花头，剁成细丁后增加顺滑感。

花蕾煮软，切成5mm大小的块。

花蕾煮软，切成1cm大小的块。

## 烹制要点

**POINT 1** 蠕嚼期结束前只用花头

将西蓝花的花蕾分开，用热水煮软，蠕嚼期结束前，只用花头部分。方法是将花蕾平放在案板上，用菜刀将花头刮下。

**POINT 2** 细嚼期之后将花蕾切开煮软

进入细嚼期之后，将花蕾直接煮软，切成容易咀嚼的小块。此外，放少许昆布一起煮，可以增加西蓝花的甜味。

**POINT 3** 增加黏稠度避免粗糙颗粒感

为了避免西蓝花的粗糙颗粒感，需要增加一定的黏稠度。可以在水煮时加入水溶淀粉，或与米粥、土豆、香蕉搅拌。

**POINT 4** 茎干的皮要厚厚地削掉

西蓝花茎干的皮含有较多的纤维，需要厚厚地削掉，再煮软，就可以给细嚼期之后的宝宝吃了。宝宝不能吃的茎干部分，可以用在大人的菜肴中，不要浪费。

## 冷冻和解冻的小窍门

**基本技巧** 煮软之后按照各辅食期的食物形态分装冷冻

＼装入保鲜袋冷冻／　＼用保鲜膜封好冷冻／

煮软后切碎，按照每顿的量放入硅胶杯冷冻。细嚼期之后，可以放入保鲜袋冷冻，实际需要多少就取多少，很方便。

**妈妈更轻松** 用硅胶碗少量蒸煮

用微波炉蒸煮少量蔬菜，小号硅胶碗非常方便。这是我在百元店买的。弥妈妈、弥（女儿·11个月）

### 用厨房剪刀直接剪下花头

只把花头剪下来

用厨房剪刀剪下花头，宝宝小月龄时，剪得浅一些，大一点之后，剪得深一些。白根麻衣（妈妈）、心（女儿·7个月）

维生素
矿物质

保留食材的原汁原味
## 西蓝花汁

【食材】
西蓝花…10g(1小朵)
白开水…少许

【做法】
1 西蓝花煮软后,刮取花头部分,研磨成细泥。
2 加白开水调和至顺滑状态。

热量

维生素
矿物质

香蕉魔术般地改变了西蓝花的味道
## 西蓝花香蕉泥

【食材】
西蓝花…10g(1小朵)
香蕉…20g(中等大小的
1/6根)

【做法】
1 西蓝花煮软后(汤汁留用),刮取花头部分,研磨成细泥。
2 将香蕉与西蓝花泥拌在一起再研磨一次,最后加入西蓝花的汤汁,调节稀稠度。

MEMO 如果研磨后宝宝依然不爱吃,可以增加黏稠感,或与米粥搅拌在一起。

热量

维生素
矿物质

蛋白质

与米粥搅拌增加顺滑感
## 西蓝花鱼干粥

【食材】
西蓝花…15g(1.5小朵)
5倍粥(参见P22)…50g
(3大勺多)
小鱼干…5g(不足1大勺)

【做法】
1 将西蓝花煮至舌头可以碾碎的程度,捞起切成细末。
2 小鱼干用1/2杯热水浸泡5分钟左右,捞起沥干水分,切成小丁,与5倍粥搅拌在一起。
3 将鱼干粥盛入容器中,点缀上西蓝花即可。

维生素
矿物质

蛋白质

与豆腐搅拌后更易入口
## 西蓝花昆布丝拌豆腐

【食材】
西蓝花…30g(3小朵)
嫩豆腐…30g(1/10块)
昆布丝…少许

【做法】
1 西蓝花煮软后,刮取花头部分,研磨成细泥。
2 豆腐用水焯一下,碾成细末,昆布丝切碎。
3 将西蓝花、豆腐、昆布丝充分搅拌均匀即可。

 西蓝花

## 西蓝花牛奶面包羹

**糯嚼期**
**7~8个月**

热量
维生素矿物质
蛋白质
鸡蛋
小麦
乳制品

融合了牛奶与面包的温和香味
### 西蓝花牛奶面包羹

**[ 食材 ]**
西蓝花…20g(2小朵)
西红柿…5g(1小勺果肉)
切片面包…15g(8片装的1/3片)
牛奶…1/4杯
水…1/2杯

**[ 做法 ]**
1 西蓝花煮软后,刮取花头部分,研磨成细泥。西红柿去掉皮和籽,碾碎。
2 面包撕成小块放入锅中,加入牛奶、水,用小火煮3分钟。再加入西蓝花,关火并盖上锅盖,用余热蒸一下。
3 将2倒入碗中,点缀上西红柿即可。

**MEMO** 与煮软的面包搅拌在一起,西蓝花的颗粒感被立刻掩盖了。

---

**糯嚼期**
**7~8个月**

维生素矿物质
蛋白质

用芝麻油提味增添中国风
### 西蓝花煮豆腐

**[ 食材 ]**
西蓝花…15g(1.5小朵)
嫩豆腐…30g(1/10块)
水…80ml
芝麻油…少许

**[ 做法 ]**
1 将西蓝花的花头刮取下来。
2 西蓝花花头与水一起倒入锅中,用小火煮软。
3 最后将豆腐碾碎倒入锅中,加入芝麻油并搅拌均匀。如果中途水不够了,及时补充一些。

---

**细嚼期**
**9~11个月**

热量
维生素矿物质
蛋白质

与土豆和金枪鱼演绎营养三重奏
### 缤纷土豆沙拉

**[ 食材 ]**
西蓝花…20g(2小朵)
土豆…50g(中等大小的1/3个)
金枪鱼肉(罐头)…15g(1大勺)

**[ 做法 ]**
1 西蓝花煮软后,切成小丁。
2 土豆去皮后煮软,碾成泥,再与金枪鱼肉、西蓝花搅拌均匀。

---

**细嚼期**
**9~11个月**

热量
维生素矿物质
乳制品

软糯的口感掩盖了西蓝花粗糙的颗粒感
### 西蓝花土豆小饼

**[ 食材 ]**
西蓝花…10g(1小朵)
土豆…40g(中等大小的1/4个)
淀粉…1小勺
盐…少许
黄油…少许
水…2大勺

**[ 做法 ]**
1 西蓝花用保鲜膜封好,放入微波炉加热40秒后,切成细末。
2 土豆去皮后煮软,再碾碎成泥,然后与西蓝花、淀粉、盐搅拌在一起,捏成一口大小的小饼。
3 在平底锅内融化黄油,将小饼放入锅中煎至两面金黄,最后加水,盖上锅盖,焖熟即可。

咀嚼期
1岁~1岁半

维生素
矿物质

蛋白质

乳制品

白干酪的奶香味包裹着西蓝花

## 西蓝花炒白干酪

[ 食材 ]
西蓝花…30g(3小朵)
白干酪…1大勺
植物油…少许

[ 做法 ]
1 西蓝花煮软后,切成小块。
2 平底锅内倒入植物油,用中火加热后,倒入西蓝花翻炒。
3 加入白干酪,一边搅拌一边翻炒即可。

咀嚼期
1岁~1岁半

热量

维生素
矿物质

蛋白质

乳制品

香气四溢,激起宝宝的食欲

## 焗西蓝花鸡肉饭

[ 食材 ]
西蓝花…30g(3小朵)
米饭…80g(儿童碗8分满)
鸡胸肉…10g
牛奶…2大勺
奶酪粉…2/3小勺

[ 做法 ]
1 西蓝花煮软,撕成容易入口的大小。
2 鸡胸肉放入锅内,加水没过,煮熟后捞起,撕成细丝。
3 将米饭、牛奶倒入锅内,用小火加热至糊状后,加入西蓝花和鸡胸肉充分搅拌。最后倒入耐热容器中,撒上奶酪粉,放入烤箱烤约3分钟。

咀嚼期
1岁~1岁半

热量

维生素
矿物质

蛋白质

鸡蛋

小麦

乳制品

裹上松饼面粉炸出香味

## 炸西蓝花

[ 食材 ]
西蓝花…50g(5小朵)
A(松饼面粉…3大勺
牛奶…2大勺)
食用油…适量

[ 做法 ]
1 西蓝花切成小块,放入耐热容器中,覆上保鲜膜,微波炉加热1分40秒。
2 将食材A倒入料理盆内充分搅拌后,加入西蓝花继续搅拌均匀。
3 平底锅内倒入1~2cm深的油,加热至160℃,放入西蓝花,炸至金黄色后捞出。

咀嚼期
1岁~1岁半

维生素
矿物质

乳制品

西蓝花茎变身手指食物

## 黄油炒西蓝花茎

[ 食材 ]
西蓝花茎(中段)…30g
黄油…少许

[ 做法 ]
1 西蓝花茎切成不足1cm的小块,煮软。
2 平底锅内放入黄油,加热融化后加入西蓝花茎,翻炒1分钟左右。

蠕嚼期

细嚼期

咀嚼期

# 卷心菜·大白菜

**如何挑选**

选择外侧的叶子比较坚挺的，如果是切开的，要选择切面水分比较充足的。

**营养成分**

富含维生素 C，可以预防感冒、提高机体免疫力。卷心菜含有健胃的维生素 U。与豆制品、鱼、肉等蛋白质类食物非常配，同时摄入营养更加均衡。

这两种菜没有土腥味，可以与任何菜肴搭配。成年人可以生吃，但是宝宝不易消化其中的膳食纤维，需要烹制得足够软烂。

## 与实物大等 各阶段辅食的形态（卷心菜）

| 吞咽期 ▶▶▶ | 蠕嚼期 ▶▶▶ | 细嚼期 ▶▶▶ | 咀嚼期 |
|---|---|---|---|
| 5~6个月 | 7~8个月 | 9~11个月 | 1岁~1岁半 |
|  |  |  |  |
| 将叶子煮软，用滤网过滤后，增加顺滑感。 | 叶子煮软后用研磨碗碾碎，增加顺滑感。 | 叶子煮软后切成边长 2~3mm 的小丁，增加顺滑感。 | 叶子煮软后切成边长 5mm~1cm 的小块。 |

## 烹制要点

| **POINT 1** 内部的叶子更柔软 | **POINT 2** 蒸煮后会变得很软 | **POINT 3** 用滤网去除纤维 | **POINT 4** 蠕嚼期后切成细丁 |
|---|---|---|---|
|  |  |  |  |
| 卷心菜与大白菜外部的叶子都比较硬，即使煮熟了依然残留纤维，所以尽量用里面的叶子做辅食，但仍要去掉芯部和较粗的茎，只取叶子部分。 | 锅内烧开少量的水，将切好的叶子放进去，盖上锅盖后蒸煮至软烂。这样可以减少营养流失，叶子也会变得十分柔软。 | 宝宝不易消化卷心菜或大白菜的膳食纤维（尤其是吞咽期的宝宝），建议用滤网滤掉纤维。 | 宝宝进入蠕嚼期，或开始用牙龈咀嚼食物之后，将叶子切成细丁。根据宝宝的发育情况，切成适合的大小即可。 |

## 冷冻和解冻的小窍门

**基本技巧** 煮软后按照不同辅食期的形态分装冷冻

| 用硅胶杯冷冻 | 用保鲜膜冷冻 |
|---|---|
|  |  |

过滤或研磨成泥的菜泥用制冰格冷冻，切碎的菜叶按照每顿的量用保鲜膜包好，或者放入硅胶杯冷冻。还可以与胡萝卜、洋葱等蔬菜混合在一起冷冻，使用起来更方便。

**妈妈更轻松** 切好的菜叶装入茶包，与大人的菜肴一起烹煮

宝宝吃的　　大人吃的

如果是较清淡的炖菜，将宝宝吃的菜丁放入茶包内和大人的菜肴一起煮就行。
和泉（妈妈）、崎（女儿·1岁）

**吞咽期**
**5~6个月**

维生素
矿物质

蛋白质

黄豆粉让味道更丰富
## 卷心菜泥拌黄豆粉

【食材】
卷心菜…10g(中等大小的1/5片)
黄豆粉…1/2小勺

【做法】
1 卷心菜煮软后，用滤网过滤成泥(汤汁留用)。
2 黄豆粉与卷心菜泥拌匀，再加入汤汁调得顺滑一些。

POINT

黄豆粉要充分搅拌至团块消失。

**蠕嚼期**
**7~8个月**

维生素
矿物质

蛋白质

小麦

高蛋白的麦麸搭配和风炖菜
## 白菜炖烤麸

【食材】
白菜…20g(中等大小的1/5片)
烤麸…3块
鲣鱼高汤…1/2杯

【做法】
1 白菜切丁，烤麸碾碎。
2 锅内倒入大白菜、鲣鱼高汤，用小火加热，煮至软烂。中途汤汁变少时，及时加水。
3 加入烤麸，煮2分钟左右。

MEMO 将麦麸在干燥状态下直接碾碎，然后再煮，可以达到自然的黏稠感。

**细嚼期**
**9~11个月**

热量

维生素
矿物质

蛋白质

小麦

黏糯的质地与菜叶融为一体
## 卷心菜小饼

【食材】
卷心菜…20g(中等大小的1/3片)
木鱼花…1小撮
小麦粉…3大勺
水…1.5大勺
植物油…少许

【做法】
1 去掉卷心菜的硬芯，切成小丁，放入耐热容器中，覆上保鲜膜后，用微波炉加热30秒左右，散去表面热气。
2 将卷心菜、小麦粉、水、木鱼花搅拌。
3 平底锅内倒入植物油，用中火加热，放入2，煎至两面变硬后，切成大小适中的块。

**咀嚼期**
**1岁~1岁半**

维生素
矿物质

蛋白质

三种食材搭配，芝麻油增添中国风
## 白菜炖牛肉

【食材】
白菜…20g(中等大小的1/5片)
胡萝卜…10g(2cm见方的1块)
瘦牛肉薄片…10g
芝麻油…少许
水…1/2杯

【做法】
1 白菜切成7mm见方的小块，胡萝卜切成半圆形薄片，牛肉切成细丝。
2 锅内倒入芝麻油，用中火加热，倒入白菜、胡萝卜、牛肉翻炒。然后加水，煮沸后改中小火，煮至蔬菜变软。汤汁变少时要及时加水。

吞咽期

蠕嚼期

细嚼期

咀嚼期

# 白萝卜·芜菁

生吃比较辣，煮熟之后变得甘甜软糯，宝宝很容易入口。根部与叶子分开烹饪。

## 如何挑选
根部沉甸甸，摸上去有弹性，根须较少的为佳品。叶子越鲜绿越好。

## 营养成分
富含丰富的维生素C和消化酶，对肠胃刺激较小。叶子属于营养价值较高的黄绿色蔬菜，煮软后也可以作为辅食。叶子水分流失后口感会变差，建议切下来保存。

## 与实物等大 各阶段辅食的形态（白萝卜）

| 吞咽期 ▶▶▶ | 蠕嚼期 ▶▶▶ | 细嚼期 ▶▶▶ | 咀嚼期 |
|---|---|---|---|
| 5~6个月 | 7~8个月 | 9~11个月 | 1岁~1岁半 |

| | | | |
|---|---|---|---|
| 煮软后过滤，或研磨成泥。 | 加热至手指可以轻轻碾碎的程度，切成碎丁。 | 加热至手指可以轻轻碾碎的程度，切成5mm见方的小块。 | 加热至手指可以轻轻碾碎的程度，切成1cm见方的小块。 |

## 烹制要点

**POINT 1 选用白萝卜中段制作辅食**

对于白萝卜来说，不同部分的味道和硬度也不同。顶部较辣，靠近叶子的部分纤维组织较多，较硬。中段较甜、较软，适合用作辅食。

**POINT 2 加入没过的水煮**

为了保证白萝卜充分熟透，需要放入冷水中加热煮熟。切成1cm见方的小块更容易煮熟。此外，加入少许昆布一起煮，味道更好。

**POINT 3 芜菁皮削得厚一些**

芜菁皮向内1~2mm含有较硬的纤维组织，即使加热也不会变软，所以削皮时尽量削得厚一些。

**POINT 4 芜菁切成扇形薄片**

如果将芜菁切成半圆的片状，不容易均匀加热，不利于宝宝消化，建议切成扇形，有利于芜菁受热均匀，软硬度也更平均。

## 冷冻和解冻的小窍门

**基本技巧** 叶子煮熟后切碎 白萝卜与汤汁一起冷冻保存

 白萝卜汤

 煮熟后切碎的芜菁叶

叶子煮软后切成细丁，放入保鲜袋冷冻。白萝卜可以与胡萝卜等煮熟后，连同汤汁放入小容器中冷冻，炖菜或煮乌冬面都很方便。

**妈妈更轻松** 根茎类蔬菜用高压锅可以迅速煮软

省时神器！

我常用高压锅做白萝卜、胡萝卜等根茎类蔬菜的浓汤。将辅食用的量盛出后，加入法式清汤、盐、胡椒等调味，就是大人吃的浓汤。
高和佳奈（妈妈）、理阳（儿子·9个月）

142

**吞咽期**
**5~6个月**

维生素
矿物质

根部与叶子一起用，富含维生素
# 白萝卜煮萝卜叶

**[ 食材 ]**
白萝卜…10g(2cm见方
的1块)
萝卜叶…少许
鲣鱼高汤…1/2杯

**[ 做法 ]**
1 白萝卜去皮，与萝卜叶一起切成小丁。
2 萝卜放入锅中，加入鲣鱼高汤，用小火煮开后，加入萝卜叶，煮软为止。
3 捞起萝卜和叶子，碾成细腻的泥状，加入汤汁调理至顺滑状态即可。

**蠕嚼期**
**7~8个月**

热量
维生素
矿物质
蛋白质
乳制品

米粥却有浓汤的口感
# 芜菁牛奶粥

**[ 食材 ]**
芜菁…20g(1/6个)
5倍粥(参见P22)…30g
(2大勺)
牛奶…2大勺

**[ 做法 ]**
1 芜菁厚厚地削去皮，切成扇形，煮软。
2 5倍粥研磨得细滑一些，加入芜菁后，再碾碎一遍。
3 将碾碎后的芜菁和米粥放入锅中，加入牛奶，用中火加热，稍煮沸即可。

**细嚼期**
**9~11个月**

维生素
矿物质

酸味适中，爽口清新
# 西红柿煮芜菁

**[ 食材 ]**
芜菁…20g(1/6个)
西红柿…20g(中等大小
的1/8个)
水…1杯

**[ 做法 ]**
1 芜菁厚厚地削皮，切成1cm见方的小块。西红柿去掉皮和籽，切成小块。
2 西红柿和芜菁倒入锅中，加水煮软。

**MEMO** 芜菁比白萝卜更容易煮软，注意不要煮太久。

**咀嚼期**
**1岁~1岁半**

维生素
矿物质
乳制品

新鲜萝卜煎烤后锁住甜味
# 黄油煎萝卜条

**[ 食材 ]**
白萝卜(切成1cm宽，6cm
长的条)…5根
黄油…1小勺

**[ 做法 ]**
1 将黄油放入平底锅中，用小火融化，萝卜条并排摆开。
2 盖上盖子小火焖5分钟，时不时地翻动萝卜，直至整体呈淡黄色。

**MEMO** 水煮萝卜营养容易流失，油煎后香喷喷的味道让人胃口大开。

# 茄子

加热后变得特别软，是宝宝们喜欢的口感。茄子与脂肪含量高的肉类搭配或炒着吃都能激发香味。

**◉ 如何挑选**

皮的颜色比较深，且有弹性的较好。蒂越坚硬的越好，最好能达到扎手的程度。

**◉ 营养成分**

茄子皮的色素是一种有抗氧化作用的多酚，但是外皮太硬了，需要削掉。茄子富含维生素 C、钾，且水分含量高，天气炎热时，可以帮助减缓体内燥热。

## 各阶段辅食的形态

|  吞咽期 | ▶▶▶  蠕嚼期 | ▶▶▶  细嚼期 | ▶▶▶  咀嚼期 |
|---|---|---|---|
| 5~6个月 | 7~8个月 | 9~11个月 | 1岁~1岁半 |
| 用鲣鱼高汤煮软后，用滤网过滤，或用研磨棒碾碎。 | 切成细丁，用鲣鱼高汤煮至用手指可以轻轻碾碎的程度。 | 切成 5mm 见方的小块，用鲣鱼高汤煮至可以轻轻碾碎的程度。 | 切成 1cm 见方的块，用鲣鱼高汤煮至可以轻轻碾碎的程度。 |

## 烹制要点

**POINT 1 削皮**

茄子皮即使煮软了，口感依然很硬，作为辅食，建议削掉表皮，只用茄肉部分。削去整个蒂部，皮削干净即可。

**POINT 2 去皮后用水浸泡**

为了防止茄肉变色，去皮后需要在水中浸泡 2~3 分钟。方法是在料理盆中放水，将茄子 3 等分，浸入水中，上面盖一层厨房纸巾。

**POINT 3 用微波炉加热很省时**

削皮后，趁表面没有变色，用保鲜膜包好，直接放入微波炉加热即可，无须提前浸泡。且微波炉加热后切碎也很方便。

**POINT 4 用鲣鱼高汤煮很美味**

茄子味道清淡，像海绵一样的组织让它很容易吸收油脂和水分。用鲣鱼高汤煮，茄子吸收了汤汁，变得又香又软，宝宝很容易接受。

## 冷冻和解冻的小窍门

**基本技巧** 用鲣鱼高汤煮熟后连汤汁一起冷冻

〈 用硅胶杯分装冷冻 〉

削皮后，将茄肉切成适中大小，用鲣鱼高汤煮软，放入硅胶杯或小容器中。不妨浇少许汤汁在上面，便于解冻。

**妈妈更轻松** 用硅胶杯来冷冻保存鲣鱼高汤味的水煮蔬菜

我会一次多煮些蔬菜，与炒鸡蛋一起用硅胶杯分装冷冻。外面的盒子是从百元店买的。裕子（妈妈）、美红（女儿·8 个月）

鲣鱼高汤煮蔬菜帮助宝宝咀嚼的家常菜

宝宝很喜欢鲣鱼高汤煮蔬菜

我的女儿很爱吃胡萝卜和茄子，尤其是水煮的，很容易咀嚼。彩可（妈妈）、杏树（女儿·8 个月）

吞咽期
5~6个月

热量

维生素
矿物质

去掉涩味的茄子散发出自然清香
## 和风茄子粥

[ 食材 ]
茄子…5g (1.5cm见方的1块)
10倍粥 (参见P22) …20g (1大勺多)
鲣鱼高汤…1/2小勺

[ 做法 ]
1 茄子去皮,放入水中浸泡5分钟,去掉涩味。
2 茄子煮软后,用滤网过滤一下。
3 将10倍粥碾至细腻,与茄子、鲣鱼高汤搅拌均匀即可。

MEMO 茄子放久了会发苦。新鲜的茄子需要浸泡,以去除涩味。

蠕嚼期
7~8个月

维生素
矿物质

蛋白质

糊状的茄子方便宝宝用舌头碾碎
## 木鱼花拌茄子

[ 食材 ]
茄子…20g (中等大小的1/4个)
木鱼花…1小撮

[ 做法 ]
1 茄子削皮后,用保鲜膜松散地包好,放入微波炉加热30秒。
2 茄子表面冷却后,剁成糊状。
3 将茄子倒入料理盆中,一边揉碎木鱼花一边撒入,最后整体搅拌均匀即可。

细嚼期
9~11个月

维生素
矿物质

蛋白质

在翻炒中吸收肉的香味
## 茄子炒牛肉

[ 食材 ]
茄子…40g (中等大小的1/2个)
瘦牛肉薄片…15g
芝麻油…少许

[ 做法 ]
1 茄子削皮后,用保鲜膜松散地包好,放入微波炉加热30秒,表面冷却后,切成1cm见方的小块。牛肉切碎。
2 平底锅内倒入芝麻油加热,然后倒入牛肉翻炒至变色,倒入茄子继续炒1分钟左右。

咀嚼期
1岁~1岁半

热量

维生素
矿物质

蛋白质

鸡蛋

小麦

加入豆腐,营养更丰富
## 茄子炒面

[ 食材 ]
茄子…30g (中等大小的1/3个)
炒面…60g (1/3包)
北豆腐…40g (不足1/8块)
水…1/2杯
水溶淀粉…适量
芝麻油…少许

[ 做法 ]
1 茄子削皮后,用保鲜膜松散地包好,放入微波炉加热1分钟,待表面冷却后,切成小丁。
2 茄子放入锅中,豆腐一边捏碎一边加入,加水煮开后,倒入水溶淀粉,达到黏稠状。
3 将炒面切成2cm的段,将芝麻油倒入平底锅中加热,然后将炒面、1大勺水倒入锅中翻炒。最后盛入盘中,浇上茄子豆腐。

# 青椒·彩椒

彩椒带有甜味，营养价值高，鲜艳的颜色可以激起宝宝的食欲。青椒则带有独特的苦味，充分加热可以减少苦味。

**◎ 如何挑选**

要挑选有光泽且蒂比较坚挺的。如果表皮起皱，说明不是很新鲜。

**◎ 营养成分**

富含 β- 胡萝卜素、维生素 C、维生素 E 等营养成分。红色的彩椒最有营养，维生素含量是青椒的 2 倍多。用于制作辅食时，要去掉皮和种子，以及白色的筋，只用柔软的果肉部分。

## 与实物等大 各阶段辅食的形态（彩椒）

| 吞咽期 ▶▶▶ | 蠕嚼期 ▶▶▶ | 细嚼期 ▶▶▶ | 咀嚼期 |
|---|---|---|---|
| 5~6个月 | 7~8个月 | 9~11个月 | 1岁~1岁半 |
|  |  |  |  |
| 煮软后用滤网过滤成泥，或研磨成泥，再调理得细滑一些。 | 煮至可以轻轻捏碎的程度，然后切成细丁。 | 煮至可以轻轻捏碎的程度，然后切成 5mm 见方的小块。 | 煮至可以轻轻捏碎的程度，然后切成 1cm 见方的小块。 |

## 烹制要点

**POINT 1 削皮**

彩椒削皮后更容易入口。一般的处理方法是纵向切成 4 等分，去掉蒂、籽、白色的筋，最后用削皮刀削皮。

**POINT 2 用微波炉也可去皮**

彩椒经微波炉加热后很容易去皮。一般做法是去掉蒂、籽、白色的筋后，用保鲜膜松散地封好，按照每 1/4 个加热 1 分 30 秒的标准设定时间。

**POINT 3 加热后如何去皮**

微波炉加热后，待彩椒表面冷却后再打开保鲜膜，就容易揭下彩椒的表皮。青椒的皮比彩椒的皮薄，如果宝宝也讨厌青椒的皮，可以用同样的方法去皮。

**POINT 4 青椒需要充分加热**

青椒充分加热后，苦味会减弱，甜味会增加，也会变得更软，容易入口。而且，青椒过油后，所含 β- 胡萝卜素的吸收率也提高了。

## 冷冻和解冻的小窍门

**基本技巧** 按照辅食期分装冷冻与蔬菜同煮也很方便

| 用保鲜膜分装冷冻 | 做成蔬菜杂烩 |
|---|---|
|  |  |

不妨将带有苦味的青椒，与带有甜味的南瓜、洋葱、西红柿等蔬菜一起烹煮。建议一次多做些以黄绿色蔬菜为主的蔬菜杂烩，分装冷冻保存。

**妈妈更轻松** 多种蔬菜一起冷冻烹饪很方便

我家冰箱里常备彩椒和青椒，用锡箔纸包起来烤，与大人的菜分开烹饪也不费力。桑野和泉（妈妈）、洗正（儿子·1岁）

做肉末酱时加入青椒宝宝吃光光

青椒切成细丁混在里面

用西红柿、洋葱、青椒、鸡肉末做成肉酱后，宝宝把平时不爱吃的青椒也吃完了。樱井由贵子（妈妈）、高虎（儿子·1岁6个月）

吞咽期 5～6个月

热量
维生素 矿物质

**清爽的甜味在口中散开**
## 彩椒粥

**[食材]**
彩椒…5g(3cm见方的1块)
10倍粥(参见P22)…20g
(1大勺多)

**[做法]**
1. 彩椒去皮后煮软，用滤网滤成泥状。
2. 将10倍粥碾得顺滑之后，与彩椒泥搅拌在一起即可。

MEMO　彩椒还可以榨成汁，口感类似果汁，与酸奶等很搭配。

蠕嚼期 7～8个月

热量
维生素 矿物质
鸡蛋
乳制品
小麦

**鲜艳色彩带来丰富维生素**
## 彩椒橙子面包羹

**[食材]**
彩椒…20g(4cm见方的2块)
橙子…10g(1瓣)
切片面包…20g
(8片装的1/2片)

**[做法]**
1. 彩椒削皮后煮软，切成细丁。橙子的薄皮去掉，切成细丁。
2. 面包撕碎至耐热容器中，加入适量水分，待面包涨开后，倒掉多余水分，然后覆上保鲜膜，放入微波炉加热约30秒。
3. 将面包羹搅拌得松散一些，再加入彩椒和橙子搅拌均匀即可。

细嚼期 9～11个月

维生素 矿物质
蛋白质
鸡蛋

**蔬菜的甜味加上清脆口感，吃饭更有乐趣**
## 彩椒青椒鸡蛋卷

**[食材]**
彩椒…10g(4cm见方的1块)
青椒…10g(中等大小的1/4个)
鸡蛋液…1/2个
植物油…少许

**[做法]**
1. 彩椒和青椒削皮后，切成小块放入耐热容器中，覆上保鲜膜，用微波炉加热约30秒。
2. 将鸡蛋液与加热后的彩椒和青椒搅拌。
3. 平底锅中倒入油，用中火加热，倒入2，均匀地摊成约7mm厚的蛋饼，熟透后稍微冷却后，切成容易入口的大小。

咀嚼期 1岁～1岁半

热量
维生素 矿物质
蛋白质
乳制品

**电饭煲就能完成，大人也可以吃**
## 三色鸡肉饭

**[食材]**
彩椒(红色&黄色)…40g(中等大小的1/3个)
青椒…40g(中等1个)
洋葱…20g(中等1/8个)
鸡腿肉…60g　米…1杯
水…1杯多　黄油…5g

**[做法]**
1. 米淘干净后沥水。
2. 彩椒和青椒削皮后，切成7mm见方的小块。洋葱切成小丁。鸡肉去掉皮和脂肪，切成7mm见方的小块。
3. 将所有食材和水倒入电饭煲，饭煮好后，整体搅拌一下即可。

吞咽期　蠕嚼期　细嚼期　咀嚼期

147

# 蚕豆·豌豆

蚕豆从吞咽期开始添加，豌豆从蠕嚼期开始添加。带有天然的甜味，适合作为辅食。

**◎ 如何挑选**

选择豆荚浓绿，有弹性的。豆子从豆荚中剥开后，容易干燥，要尽早食用。

**◎ 营养成分**

富含蛋白质、B 族维生素、铁等元素，应季的豆子营养最丰富，而且都很容易烹制。

## 烹制要点

**POINT 1 煮蚕豆**

从豆荚中剥出蚕豆，用足量的热水煮 5~6 分钟，煮软后捞出，去掉表面的薄皮。

**POINT 2 煮豌豆**

用足量的热水煮 4~5 分钟后，捞出放到冷水中，轻轻捻掉表皮。一次多煮些冷冻，用起来更方便。

**吞咽期 5~6个月**

热量
维生素 矿物质

淡淡的甘甜与细腻的口感深受欢迎

## 蚕豆土豆泥

**[ 食材 ]**

蚕豆(煮熟的)…10g(2个)
土豆…10g(中等大小的1/15个)
白开水…适量

**[ 做法 ]**

1 去掉蚕豆表面的薄皮，用滤网滤成泥。土豆煮至软烂，也滤成泥。
2 蚕豆泥与土豆泥搅拌，加入白开水调至细腻软滑，盛入碗中。

---

# 芦笋

口感清脆、带有香甜味是芦笋的特点。需要将根部较硬的部分削去再烹制。

**◎ 如何挑选**

笋尖闭合，色泽鲜绿，富有弹性，根部切口比较水润的为佳。

**◎ 营养成分**

是各种维生素都比较均衡的黄绿色蔬菜。富含能够缓解身体疲劳，提高免疫力的天冬氨酸。

## 烹制要点

**POINT 1 根部要削皮**

首先将最靠近根部的 2cm 切掉，然后用削皮刀将下半截的皮削掉。

**POINT 2 纤维要切断**

膳食纤维宝宝不容易消化，建议将芦笋切成小丁，或者斜切成细丝。

**蠕嚼期 7~8个月**

热量
维生素 矿物质
蛋白质
鸡蛋
乳制品
小麦

切碎后再碾碎，纤维不再难以下咽

## 芦笋牛奶面包羹

**[ 食材 ]**

芦笋…20g(中等大小的1根)
切片面包…15g(8片装的1/3片)
水…1/2杯
牛奶…1大勺

**[ 做法 ]**

1 面包撕碎，放入耐热容器中，加水浸泡5分钟后，沥掉多余水分。再加入牛奶搅拌，然后覆上保鲜膜，用微波炉加热1分钟。
2 切掉芦笋根部坚硬的部分，下半截削皮，然后煮软，再切成小丁并碾碎。
3 将芦笋与面包牛奶搅拌均匀，再次碾碎即可。

# 玉米

夏季可以买新鲜甘甜的玉米代替玉米罐头。煮软之后过滤去皮即可。

● 如何挑选
玉米粒比较紧实，饱满有光泽的最佳。如果有叶子包裹的话，玉米叶越绿的越好。

● 营养成分
主要成分为糖和蛋白质，属于能量类食物，富含维生素E和铁。收割后营养很容易流失，建议趁新鲜时食用。

## 烹制要点

**POINT 1** 煮熟后切下玉米粒

玉米煮熟后，用菜刀将玉米粒切下。建议一次将整根玉米的玉米粒全部切下来。

**POINT 2** 过滤

进入吞咽期后，如果宝宝对玉米皮比较排斥，可以用滤网过滤掉。调制成软糯的糊状，涂在面包上也很方便。

**细嚼期** 9~11个月

热量 · 维生素矿物质 · 蛋白质 · 鸡蛋 · 乳制品 · 小麦

玉米泥与奶酪的盐分完美搭配
## 玉米奶酪烤面包

[食材]
玉米粒(煮熟的)…2大勺
切片面包…25g(8片装的1/2片)
比萨用奶酪…5g

[做法]
1. 玉米粒碾成泥去皮。
2. 将玉米泥涂在面包上，撒上比萨用奶酪，放入烤箱烤3分钟，直至奶酪融化，最后切成适当大小即可。

# 秋葵

加热至变软，去掉籽。从吞咽期开始就可以添加。黏滑的口感深受宝宝的喜欢。

● 如何挑选
颜色浓绿，表面绒毛浓密的为佳。用盐可以将表面绒毛去除。

● 营养成分
含有丰富的维生素和矿物质，有助于提高免疫力。其黏滑的汁液里含有果胶和黏蛋白，能够调理肠胃。

## 烹制要点

**POINT 1** 边缘一圈要切掉

如果秋葵表面有细密的绒毛，可以用盐搓掉后清洗干净。蒂及下面较硬的一圈也要切掉。

**POINT 2** 籽要去掉

纵向对半切开后，用勺子把籽刮干净。咀嚼期之后，如果宝宝不讨厌籽的颗粒感，也可以不去掉，直接烹制。

**咀嚼期** 1岁~1岁半

热量 · 维生素矿物质 · 蛋白质

利用秋葵的黏性让食材融为一体
## 秋葵猪肉盖饭

[食材]
秋葵…20g(2根)
玉米粒(煮熟的)…2大勺
米饭…80g(儿童碗8分满)
瘦猪肉薄片…15g
盐…少许　水…1/4杯
芝麻油…1/4小勺

[做法]
1. 切掉秋葵的蒂和下面较硬的一圈，剩余部分切成薄片。猪肉切碎。
2. 平底锅中倒入芝麻油，用中火加热，倒入猪肉翻炒，然后放盐。加水煮开后，放入秋葵，小火煮3分钟左右。
3. 将米饭与玉米粒搅拌均匀，盛入碗中，浇上秋葵猪肉。

吞咽期 蠕嚼期 细嚼期 咀嚼期

149

# 水果

富含维生素的水果，从吞咽期开始就可以添加了。原则以摄入蔬菜为主，配以适量的水果。为了防止过敏，建议一开始要加热后再给宝宝吃。

⊛ 如何挑选

新鲜且成熟的水果为佳。苹果、草莓、柑橘、哈密瓜等甜味较浓的水果更受宝宝欢迎。

⊛ 营养成分

水果富含维生素 C，可以促进铁的吸收，还含有多种维生素和矿物质。苹果中含有大量果胶，可以调理肠胃。香蕉的糖分较高，可作为辅食期的主食。

## 各阶段辅食的形态（苹果）

与实物等大

| 吞咽期 ▶▶▶ | 蠕嚼期 ▶▶▶ | 细嚼期 ▶▶▶ | 咀嚼期 |
|---|---|---|---|
| 5～6个月 | 7～8个月 | 9～11个月 | 1岁～1岁半 |

| 煮软后过滤成泥，或碾成泥。 | 加热至可以轻轻捏碎的程度，然后切碎。 | 加热至可以轻轻捏碎的程度，然后切成 5mm 见方的小块。 | 加热至可以轻轻捏碎的程度，然后切成 1cm 厚的扇形。 |

## 烹制要点

**POINT 1 草莓要过滤去籽**

吞咽期宝宝讨厌颗粒感，草莓需要过滤一下去籽。其他的水果也需要去掉皮和籽。第一次食用的水果需要加热，并从 1 勺的量开始逐渐增加。

**POINT 2 苹果要去掉皮和核**

苹果每次只切宝宝需要的摄入量，然后切成薄薄的弧形，并削皮去核。宝宝还不能生吃苹果，一定要加热后再喂宝宝。

**POINT 3 用微波炉加热**

用微波炉加热很方便。将苹果切成较薄的扇形（10g），放入耐热容器中，加入 1 大勺水，松散地盖上盖子或覆上保鲜膜，加热 1 分 30 秒。水分越多苹果煮得越烂。

**POINT 4 用余热焖烂**

将加热后的苹果打开一点盖子或保鲜膜，待其一边冷却一边用余热焖至软烂。然后按照需要过滤或切碎，也可以用勺子直接碾碎。

## 冷冻和解冻的小窍门

**基本技巧 根据水果种类选择生吃或熟吃**

放入保鲜袋冷冻

苹果加热后切成容易入口的形状冷冻保存；猕猴桃在新鲜的状态下切成半圆形冷冻，解冻后再加热比较方便；葡萄带皮冷冻，用水浸泡后很容易去皮。

**妈妈更轻松 将容易破损的水果做成果泥冷冻**

用手持搅拌棒将水果做成果泥，然后分装冷冻。图片上是草莓泥与香蕉泥。石原佳奈（妈妈）、达来（儿子·10个月）

**香蕉密封碾碎不易变色**

将香蕉装入保鲜袋碾碎后再冷冻，密封状态下不易变色。可以根据需要随意取出。静江（妈妈）、刘生（儿子·8个月）

香咽期
5~6个月

维生素 矿物质

蛋白质

**柔和的甜味配上诱人的粉色**
## 草莓豆浆

[ 食材 ]
草莓…10g(大的1/2个)
豆浆…1大勺

[ 做法 ]
1 草莓去蒂，用滤网过滤一下。(第一次吃草莓的宝宝，要加热一下，冷却至室温后再食用。)
2 草莓泥与豆浆搅拌均匀。

**MEMO** 草莓与豆浆或豆腐很相配。酸酸甜甜的味道能促进宝宝食欲。

蠕嚼期
7~8个月

热量

维生素 矿物质

蛋白质

乳制品

**加入水果营养更均衡**
## 苹果酸奶玉米片

[ 食材 ]
苹果…10g(1个1cm宽的扇形切片)
玉米片…4g(2大勺多)
酸奶…40g
水…1.5大勺

[ 做法 ]
1 苹果削皮后碾碎，放入耐热容器中，加水后覆上保鲜膜，放入微波炉加热约50秒。
2 玉米片捣碎后，与苹果搅拌，静置5分钟左右。
3 最后，将酸奶与苹果、玉米片搅拌均匀。

**MEMO** 玉米片可以直接用手搓碎。

细嚼期
9~11个月

维生素 矿物质

蛋白质

乳制品

**苹果先煮后煎，香味四溢**
## 黄豆粉配黄油煎苹果

[ 食材 ]
苹果…30g(中等大小的1/8个)
黄豆粉…1/2小勺
黄油…少许

[ 做法 ]
1 苹果削皮，切成7mm见方的小块，覆上保鲜膜，放入微波炉加热约30秒。
2 平底锅内放入黄油，用中火加热至融化，将苹果倒入锅中，翻炒1分钟左右，最后撒上黄豆粉，整体搅拌均匀。

咀嚼期
1岁~1岁半

热量

维生素 矿物质

蛋白质

乳制品

**奶酪烤水果非常适合当零食**
## 奶酪烤香蕉草莓

[ 食材 ]
香蕉…60g(2/3根)
草莓…15g(中等大小的1个)
比萨用奶酪…10g(1.5大勺)

[ 做法 ]
1 香蕉切成1cm大小的半圆。草莓去蒂，粗略地碾碎。
2 将草莓和香蕉放入耐热容器中，均匀地撒上奶酪，放入烤箱烤5分钟左右。

香咽期
蠕嚼期
细嚼期
咀嚼期

# 豆腐・冻豆腐

豆腐完整地保留了大豆中的植物性蛋白，不仅容易消化吸收，而且口感软嫩，非常适合作为辅食期的蛋白质来源。

● **如何挑选**
吞咽期及蠕嚼期选用嫩豆腐，细嚼期开始可以选用北豆腐。

● **营养成分**
豆腐富含容易被人体吸收的优质脂肪和蛋白质，故被称为"素中之荤"。冻豆腐将豆腐的营养更加浓缩，从细嚼期以后添加，可以给宝宝补充铁和钙。

## 与实物等大 各阶段辅食的形态

| 吞咽期 ▶▶▶ | 蠕嚼期 ▶▶▶ | 细嚼期 ▶▶▶ | 咀嚼期 |
|---|---|---|---|
| 5~6个月 | 7~8个月 | 9~11个月 | 1岁~1岁半 |

将嫩豆腐用开水焯一下，然后过滤或碾成泥。

将嫩豆腐用开水焯一下，然后用勺子刮取薄片，或者压碎。

将北豆腐切成 5~6mm 见方的小块，用开水焯一下。

将北豆腐切成 1cm 见方的小块，用开水焯一下。

## 烹制要点

**POINT 1** 豆腐用开水焯一下起到杀菌作用

豆腐对保鲜要求较高。如果直接喂宝宝吃，需要提前用开水焯一下，表面杀菌。水烧开后将豆腐用漏勺兜住，下锅快速焯一下即可。

**POINT 2** 用微波炉也可以加热杀菌

将豆腐放入耐热容器，覆上保鲜膜后，用微波炉加热一下，可以达到与开水一样的杀菌效果。但是，微波炉是从食物内部开始加热的，所以要确保豆腐表面也被加热了。

**POINT 3** 冻豆腐研磨后灵活使用

冻豆腐（干燥的）经过研磨后，从吞咽期就可以开始添加进辅食。可以放在粥、面条、煮蔬菜、炖菜里增加营养，非常方便。还能冷冻保存（参考本页下方）。

**POINT 4** 冻豆腐用水浸泡后再切块

冻豆腐在水中泡软后，就可以切成小块。挤去多余水分后，与鲣鱼高汤或其他食材一起烹煮或翻炒，吸收菜肴的汤汁，十分美味。

## 冷冻和解冻的小窍门

**基本技巧** 不能直接冷冻 先加工成需要的份量

| 冻豆腐研磨成末 | 加了豆腐的肉丸 |
|---|---|

豆腐不能直接冷冻，否则内部会形成蜂窝结构，影响口感。建议与肉末搅拌后做成肉丸。而冻豆腐研磨后，即使冷冻也不会结块，始终是粉末状。

**妈妈更轻松** 用硅胶碗煮豆腐超简单

只需要用微波炉加热

大人吃的

宝宝吃的

将豆腐块、肉末、蔬菜、昆布、鲣鱼高汤放进硅胶碗，用微波炉加热。大人吃就加些酱油。健康、美味又省力。木村绘莉香（妈妈）、琉海（儿子·1岁5个月）

将豆腐和肉末放入保鲜袋内揉搓

将沥干水分的豆腐和肉末按照5：1的比例做成豆腐肉丸，可以用来做炖菜。用塑料袋装馅很方便。千春（妈妈）、飒太（儿子·1岁）

吞咽期
5~6个月

蛋白质

用鲣鱼高汤调节口感，美味up
## 鲣鱼高汤豆腐泥

**[ 食材 ]**
嫩豆腐…10g（2cm见方的1块）
鲣鱼高汤…1大勺

**[ 做法 ]**
1 豆腐放入耐热容器中，加入鲣鱼高汤，覆上保鲜膜后，放入微波炉加热约15秒。
2 取出豆腐，表面冷却后，搅拌至顺滑状态即可。

**MEMO** 用微波炉给豆腐加热时，按照10~20g加热约15秒，30g加热约20秒的标准即可。

吞咽期
5~6个月

维生素
矿物质

蛋白质

宝宝喜欢的甘甜口味和顺滑口感
## 豆腐南瓜泥

**[ 食材 ]**
嫩豆腐…20g（2cm见方的2块）
南瓜…5g（1.5cm见方的1块）
白开水…适量

**[ 做法 ]**
1 南瓜去籽，用保鲜膜松散地包好后，放入微波炉加热约20秒。然后去皮，碾成泥。
2 豆腐放入耐热容器中，覆上保鲜膜，放入微波炉加热约20秒，碾成泥。
3 将南瓜泥与豆腐泥搅拌在一起，加白开水调得顺滑一些。

吞咽期
5~6个月

热量

蛋白质

豆腐做出甜品口感
## 豆腐香蕉泥

**[ 食材 ]**
嫩豆腐…20g（2cm见方的2块）
香蕉…20g（中等大小的1/6根）

**[ 做法 ]**
1 香蕉碾成泥。
2 豆腐用开水焯一下后过滤，再加入香蕉泥，一边搅拌一边碾得更细腻一些。

**MEMO** 香蕉属于能量类食物，这道辅食既是主食，又满足了蛋白质的需求。

吞咽期
5~6个月

热量

蛋白质

红薯配豆腐，营养更全面
## 冻豆腐配红薯泥

**[ 食材 ]**
冻豆腐末（参见P152）…1小勺
红薯…15g（2.5cm见方的1块）
水…1大勺

**[ 做法 ]**
1 红薯厚厚地削掉一层皮，放水中浸泡约5分钟，然后煮软并过滤成泥。
2 将冻豆腐与红薯泥搅拌，然后加水，覆上保鲜膜后放入微波炉加热约20秒。

**蠕嚼期**
**7~8个月**

维生素矿物质

蛋白质

柔软的豆腐泥包裹菠菜，更容易入口
# 菠菜拌豆腐

**[食材]**
北豆腐…30g(1/10块)
菠菜叶…15g(3大片)

**[做法]**
1 菠菜叶煮软后，切碎。
2 豆腐放入耐热容器中，覆上保鲜膜后放入微波炉加热约20秒。
3 将豆腐与菠菜叶拌匀。

**蠕嚼期**
**7~8个月**

热量

维生素矿物质

蛋白质

土豆泥的黏稠状十分理想
# 豆腐炖土豆泥

**[食材]**
北豆腐…20g(2cm见方的2块)
胡萝卜…15g(2.5cm见方的1块)
土豆…15g(中等大小的1/10个)
鲣鱼高汤…1/2杯

**[做法]**
1 胡萝卜削皮后碾碎。
2 锅中放入胡萝卜，加入鲣鱼高汤后小火煮5分钟左右。
3 豆腐一边揉碎一边放入2的锅中，土豆碾成泥后也放入锅中，一直煮至黏稠状。

**蠕嚼期**
**7~8个月**

维生素矿物质

蛋白质

白萝卜泥的香味自然飘散
# 白萝卜泥拌豆腐

**[食材]**
嫩豆腐…30g(1/10块)
白萝卜泥…20g(1大勺多)
萝卜叶…少许
鲣鱼高汤…1/3杯
水溶淀粉…少许

**[做法]**
1 豆腐用开水焯一下，碾碎至容易入口的状态，盛入碗中。
2 萝卜叶切碎。
3 煮开鲣鱼高汤，放入白萝卜泥和萝卜叶，以小火煮至萝卜叶变软。再撒上水溶淀粉达到黏稠状，最后浇在豆腐上。

**蠕嚼期**
**7~8个月**

热量

维生素矿物质

蛋白质

冻豆腐让米粥更入味
# 冻豆腐卷心菜粥

**[食材]**
冻豆腐末(参见P152)…2小勺
卷心菜…30g(中等大小的1/2片)
5倍粥(参见P22)…60g(儿童碗6分满)
水…1/2杯

**[做法]**
1 卷心菜切碎后放入锅中，加水以中火煮开后，调成小火，煮软为止。
2 将冻豆腐放入锅中，与卷心菜一起煮1分钟左右。
3 将5倍粥盛入碗中，浇上冻豆腐卷心菜。

**细嚼期**
9～11个月

维生素
矿物质

蛋白质

木鱼花增添肉香
# 豆腐胡萝卜小饼

**[食材]**
北豆腐…40g(1/8块)
胡萝卜…10g(2cm见方的1块)
淀粉…1/2小勺
木鱼花…2~3g(1/2袋)
植物油…少许

**[做法]**
1 胡萝卜削皮后煮软,切成细丁。
2 擦去豆腐的多余水分后,放入料理盆中,再加入胡萝卜丁、淀粉、木鱼花搅拌均匀。然后分成3等份,分别捏成小饼。
3 平底锅内倒入植物油,用中火加热,小饼摆入锅中,煎至两面金黄。

**细嚼期**
9～11个月

维生素
矿物质

蛋白质

酸酸甜甜,宝宝一口接一口
# 西红柿煮豆腐

**[食材]**
北豆腐…40g(略少于1/8块)
西红柿…30g(中等大小的1/5个)
鲣鱼高汤…1/4杯
水溶淀粉…少许
木鱼花…少许

**[做法]**
1 豆腐切成1cm的小块。西红柿去籽,切成5mm的小块。
2 将豆腐和西红柿、鲣鱼高汤一起倒入锅中,用中火加热,煮开后调成小火继续煮1~2分钟。
3 倒入水溶淀粉,呈黏稠状后,盛入碗中,最后撒上木鱼花。

**POINT**

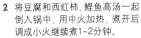
用水溶淀粉增稠后,西红柿与鲣鱼高汤能够很好地与豆腐结合。

**咀嚼期**
1岁～1岁半

维生素
矿物质

蛋白质

西红柿与葱末增加鲜艳色彩
# 双色煎豆腐

**[食材]**
嫩豆腐…50g(1/6块)
西红柿…30g(中等的1/3个)
小葱…10g(2~3根)
水…2大勺
A(淀粉…1/3小勺 水…2小勺)
盐…1撮 橄榄油…1/2小勺

**[做法]**
1 西红柿去籽,切成小丁,放入锅中,用小火煮1~2分钟,直至汤汁收去一半。
2 小葱切末,放入平底锅小火翻炒,然后加水煮2分钟,再加入调料A、盐,煮开。
3 橄榄油倒入平底锅中加热,豆腐对半切开,沥去多余水分后,放入锅中煎至两面金黄。盛入碗中,浇上西红柿和小葱末。

**咀嚼期**
1岁～1岁半

热量

维生素
矿物质

蛋白质

鸡蛋
小麦

营养和口感可以取代肉食
# 冻豆腐盖浇面

**[食材]**
冻豆腐…1/4块
袋装炒面…70g(不足1/2包)
油菜…15g(中等的1/3棵)
胡萝卜…15g(2.5cm见方的1块)
芝麻油…少许 水…1/2杯
水溶淀粉…少许

**[做法]**
1 冻豆腐用水泡开,切成细丁。油菜切碎。胡萝卜去皮后削成3cm长的细丝。
2 炒面切成2~3cm的段,芝麻油倒入平底锅加热,倒入炒面翻炒,盛入碗中。
3 将冻豆腐、油菜、胡萝卜一起倒入平底锅,用中火翻炒,然后加水煮软,最后倒入水溶淀粉,搅拌后浇在炒面上。

蠕嚼期
细嚼期
咀嚼期

# 小鱼干

- 小沙丁鱼干
- 小银鱼干

将沙丁鱼的幼鱼晒干便形成了小沙丁鱼干，小沙丁鱼干和小银鱼干都是非常适合辅食的小鱼，但是所含盐分较多，使用之前一定要先去盐。

### ◉ 如何挑选
小沙丁鱼干选择比较饱满的。小银鱼干建议细嚼期之后再添加。

### ◉ 营养成分
幼鱼含有的蛋白质造成过敏的风险较小，从吞咽期开始就可以添加了。而且连鱼刺都可以食用，营养价值很高，有助于摄入钙。3大勺小鱼干相当于100ml牛奶的含钙量。

## 各阶段辅食的形态（小沙丁鱼干）
与实物等大

| 吞咽期 ▶▶▶ | 蠕嚼期 ▶▶▶ | 细嚼期 ▶▶▶ | 咀嚼期 |
|---|---|---|---|
| 5~6个月 | 7~8个月 | 9~11个月 | 1岁~1岁半 |

用开水浸泡后，过滤或碾成泥，再调制成顺滑状态。

用开水浸泡去盐后，切成碎末。

用开水浸泡去盐后，可以直接喂宝宝，个头较大的需要切一下。

用开水浸泡去盐后，可以直接喂宝宝，个头较大的需要切一下。

## 烹制要点

### POINT 1 开水浸泡去盐

小沙丁鱼干和小银鱼干用开水浸泡5分钟，可以去掉盐分。然后用滤网沥水。建议大量浸泡一批后，冷冻备用。

### POINT 2 微波炉加热去盐也很方便

将小沙丁鱼干（或小银鱼干）放入耐热容器中，加水至没过后，松散地覆上保鲜膜，用微波炉加热至很烫的状态后，静置5分钟左右。最后用滤网沥水即可。

### POINT 3 吞咽期要仔细过滤

去盐的小鱼干口感依然粗糙，吞咽期的宝宝，需要用滤网仔细地过滤。可以与粥、土豆泥拌在一起增加顺滑度。

### POINT 4 蠕嚼期要切成细末

小鱼干对小月龄的宝宝来说太长了，所以蠕嚼期结束之前，要切得很碎。此外，小沙丁鱼干的大小不一，即使进入细嚼期，个头较大的鱼还是要切碎。

## 冷冻和解冻的小窍门

### 基本技巧 去盐后分装冷冻 吞咽期可以裹成条状
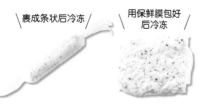

裹成条状后冷冻　用保鲜膜包好后冷冻

集中去盐后，按照各个阶段的需要，分装冷冻。吞咽期可以去盐后直接冷冻成条状，解冻后再过滤或碾碎。

### 妈妈更轻松 与土豆泥搅拌后更好吃

里面有小鱼干哦

小鱼干与土豆泥搅拌后煎熟，宝宝抓着吃很方便。乡子（妈妈）、沙希（女儿·1岁）

### 集中去盐后碾成碎末再分装

用小号保鲜膜很方便

我会集中一周的用量浸泡去盐，碾碎再冷冻，用最小号保鲜膜很方便。mocchii（妈妈）、小百合（女儿·6个月）

156

吞咽期
5~6个月

热量

蛋白质

顺滑的粥和小鱼干的搭配
# 小鱼干粥

**[ 食材 ]**

小沙丁鱼干…5g(略少于1大勺)

10倍粥(参见P22)…30g(2大勺)

**[ 做法 ]**

1　小鱼干用1/2杯开水浸泡5分钟,沥干水分,碾碎。

2　小鱼干与粥搅拌,进一步碾碎即可。

吞咽期
5~6个月

维生素
矿物质

蛋白质

维生素丰富的莫洛海芽①黏性很好
# 莫洛海芽拌小鱼干

**[ 食材 ]**

小沙丁鱼干…5g(略少于1大勺)

莫洛海芽…8g(1片)

白开水…适量

**[ 做法 ]**

1　用1/2杯开水浸泡小鱼干5分钟,沥干水分。

2　将莫洛海芽煮软后碾成泥。

3　小鱼干与莫洛海芽搅拌在一起,再碾碎,最后加白开水调得细腻一些。

**POINT**

莫洛海芽具有黏性,很适合调整辅食的黏稠度。

吞咽期
5~6个月

维生素
矿物质

蛋白质

胡萝卜泥带来滋润口感
# 胡萝卜泥拌小鱼干

**[ 食材 ]**

小鱼干…5g(1大勺略少)

胡萝卜…10g(2cm见方的1块)

白开水…少许

**[ 做法 ]**

1　用1/2杯开水浸泡小鱼干5分钟,沥干水分,碾碎。

2　将胡萝卜去皮后煮软,过滤成泥。

3　胡萝卜泥与小鱼干搅拌,再整体碾碎,最后加白开水调整口感。

吞咽期
5~6个月

维生素
矿物质

蛋白质

温和的甜味让小鱼干口感更好
# 苹果泥拌小鱼干

**[ 食材 ]**

小沙丁鱼干…5g(略少于1大勺)

苹果…5g(5mm宽的扇形切片)

白开水…少许

**[ 做法 ]**

1　用1/2杯开水浸泡小鱼干5分钟,沥干水分。

2　苹果去皮,煮软。

3　苹果与小鱼干一起碾碎,最后加白开水调整口感。

吞咽期

①莫洛海芽:近年来兴起的防癌、消除疲劳的保健蔬菜。

**蠕嚼期**
**7~8个月**

维生素 矿物质

蛋白质

让宝宝一边体会丰富口感，一边学会咀嚼

## 豆腐小鱼干煮秋葵

【食材】

小沙丁鱼干…5g（略少
于1大勺）
嫩豆腐…10g（2cm见方
的1块）
秋葵…5g（1/2根）
鲣鱼高汤…3大勺

【做法】

1 用1/2杯开水浸泡小鱼干5分钟，沥干水分并
切碎。再将秋葵的蒂和周围坚硬的部分切掉，
然后纵向对半切开，去掉籽，切成碎末。
2 锅内倒入鲣鱼高汤，放入小鱼干和秋葵煮软。
3 豆腐放入锅中，一边搅碎一边煮熟。

**蠕嚼期**
**7~8个月**

维生素 矿物质

蛋白质

小鱼干的咸味与洋葱的甜味很相配

## 洋葱拌小鱼干

【食材】

小沙丁鱼干…10g（略少
于2大勺）
洋葱…20g（中等大小的
1/8个）

【做法】

1 用1/2杯开水浸泡小鱼干5分钟，沥干水分，
切碎。
2 洋葱煮软后，切成细末。
3 洋葱末和小鱼干搅拌均匀后，盛入碗中。

**蠕嚼期**
**7~8个月**

热量

维生素 矿物质

蛋白质

小麦

用小鱼干的微咸香代替鲣鱼高汤

## 小鱼干菠菜乌冬面

【食材】

小沙丁鱼干…10g（略少
于2大勺）
乌冬面…50g（1/4包）
菠菜叶…5g（1片较大的）
水…1/2杯

【做法】

1 用1/2杯开水浸泡小鱼干5分钟，沥干水分，
切碎。
2 乌冬面切碎。菠菜叶稍煮一下，切碎。
3 锅内放入乌冬面、菠菜叶、水，用小火煮5分
钟左右，将乌冬面煮软为止。最后加入小鱼
干稍煮一下。

**蠕嚼期**
**7~8个月**

热量

维生素 矿物质

蛋白质

完美搭配的两种食材带来和谐美味

## 西红柿小鱼干粥

【食材】

小沙丁鱼干…10g（略少于
2大勺）
西红柿…25g（中等大小的
1/6个）
5倍粥（参见P22）…50g（3
大勺多）

【做法】

1 用1/2杯开水浸泡小鱼干5分钟，沥干水分，
切碎。西红柿去掉皮和籽，切成细丁。
2 将小鱼干、西红柿、米粥一起倒进耐热容器
搅拌均匀，覆上保鲜膜后放入微波炉加热
50~70秒。

细嚼期
9~11个月

热量
维生素 矿物质
蛋白质
鸡蛋
小麦

1个鸡蛋可以做2张饼，多的1张可以冷冻起来
## 卷心菜小鱼干薄饼

[食材]
**2顿的分量**
小沙丁鱼干…20g(3大勺)
卷心菜…40g(中等大小的2/3个)
鸡蛋…1个　水…3大勺
小麦粉…4大勺
芝麻油…2小勺

[做法]
1 用1杯开水浸泡小鱼干5分钟，沥干水分。卷心菜煮软后切碎。
2 鸡蛋打入料理盆中，搅散，再加入水、小麦粉搅拌均匀，然后加入小鱼干和卷心菜。
3 将一半的芝麻油倒入平底锅加热，倒入2的一半，两面煎熟。另一张饼如法炮制。

细嚼期
9~11个月

热量
维生素 矿物质
蛋白质

黄瓜的清脆口感很讨喜
## 小鱼干黄瓜拌饭

[食材]
小沙丁鱼干…15g(略多于2大勺)
黄瓜…30g(中等大小的1/3根不到)
软饭(参见P22)…80g(儿童碗8分满)

[做法]
1 用1杯开水浸泡小鱼干5分钟，沥干水分。黄瓜去皮，切成5mm见方的小块。
2 小鱼干、黄瓜与米饭搅拌均匀。

咀嚼期
1岁~1岁半

热量
维生素 矿物质
蛋白质
小麦

外脆里糯，很有人气
## 小鱼干萝卜饼

[食材]
小沙丁鱼干…10g(略少于2大勺)
白萝卜泥(沥干水分后)…40g(1/5杯)
小麦粉…1.5大勺
植物油…少许

[做法]
1 用1/2杯开水浸泡小鱼干5分钟，沥干水分。
2 将白萝卜泥和小麦粉、小鱼干搅拌在一起。
3 平底锅内倒入植物油，用中小火加热，然后将2的食材捏成一口大小，依次放入锅中，两面分别煎3分钟左右，直至全熟。

**MEMO** 可以直接用勺子舀入锅中，无需用手。

咀嚼期
1岁~1岁半

维生素 矿物质
蛋白质

小银鱼干让芜菁更入味
## 小银鱼干煮芜菁

[食材]
小银鱼干…10g(略少于2大勺)
芜菁…40g(1/3个)
芜菁叶…少许
水…2/3杯

[做法]
1 用1/2杯开水浸泡小银鱼干5分钟，沥干水分。
2 芜菁削皮后，切成1cm见方的小块。芜菁叶切碎。
3 将小银鱼干、芜菁、芜菁叶与水一起倒入锅中，小火煮5分钟左右，直至芜菁变软。

蠕嚼期

细嚼期

咀嚼期

# 白肉鱼

白肉鱼蛋白质含量高、脂肪含量低，还特别容易消化吸收，从吞咽期开始就可以添加。不过，鳕鱼有致敏风险，建议细嚼期之后再添加。

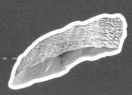

**如何挑选**

真鲷、比目鱼、鲽鱼等吞咽期就可以添加。鳕鱼建议从细嚼期开始添加。

**营养成分**

白肉鱼富含不会对肠胃造成负担的低脂肪蛋白质，以及均衡的氨基酸，鱼肉自身也很美味。尤其是真鲷，富含不饱和脂肪酸、DHA、EPA等，建议从真鲷开始摄入白肉鱼。

## 与实物等大 各阶段辅食的形态

| 吞咽期 ▶▶▶ | 蠕嚼期 ▶▶▶ | 细嚼期 ▶▶▶ | 咀嚼期 |
|---|---|---|---|
| 5~6个月 | 7~8个月 | 9~11个月 | 1岁~1岁半 |

| | | | |
|---|---|---|---|
| 用开水煮熟，研磨成非常细腻的泥状后，增加顺滑感。 | 用开水煮熟，研磨成泥后，增加顺滑感。 | 用开水煮熟，细致地将鱼肉拨碎。 | 用开水煮熟，拨成1cm见方的小块。 |

## 烹制要点

**POINT 1 寿司用生鱼片使用起来很方便**

一般鲷鱼的生鱼片1片的重量为10g，稍大一些的是15g。直接从大人吃的生鱼片里分餐，非常方便。如果买的是整块鱼肉，就切成与生鱼片差不多的薄片。

**POINT 2 煮熟或用微波炉加热**

脂肪含量较少的白肉鱼，一大缺点是口感比较粗糙。水煮时，不能煮过头。或者放入耐热容器，加点水后覆上保鲜膜，放入微波炉加热。

**POINT 3 煮熟后去掉鱼皮和鱼刺**

煮熟后更容易去掉鱼皮和鱼刺。此外，煮鱼的汤汁里含有丰富的营养，可以用来调节辅食的顺滑度。

**POINT 4 用研磨碗细细研磨**

白肉鱼的纤维比较细密，用过滤网很难处理，建议用研磨碗细细地碾碎。对于吞咽期的宝宝，要碾碎至纤维完全松散为止，还要调制得细腻顺滑。

## 冷冻和解冻的小窍门

**基本技巧 煮熟后研磨 按照不同阶段分装冷冻**

\ 用保鲜膜包好冷冻 /

宝宝一顿的摄入量比较少，建议妈妈一次多做些，然后分装冷冻。鱼要增加一些水分再冷冻，这样解冻后不会很干燥。

**妈妈更轻松 用锡箔纸包好烤一下很美味**

将鱼肉拨散后浇在饭上 /

蔬菜铺在锡箔纸上，再铺上真鲷生鱼片，包好烤熟，鱼肉拨散浇在饭上，就变成美味的盖饭了。亮（妈妈）、亮（儿子·1岁2个月）

**用硅胶碗蒸白肉鱼和蔬菜 健康又美味**

下面铺很多蔬菜，上面铺白肉鱼，用微波炉热一下就完成了。大人吃的话，可以蘸调料。饭岛惠（妈妈）·一汰（儿子·9个月）

**吞咽期**
**5~6个月**

热量

蛋白质

乳制品

奶香味让宝宝顺利接受
## 鲷鱼牛奶粥

**[ 食材 ]**
鲷鱼…5g(寿司用生鱼片
1/2片)
10倍粥(参见P22)…30g
(2大勺)
奶粉…少许
热水…适量

**[ 做法 ]**
1 鲷鱼煮熟后碾碎。加入奶粉、热水搅拌均匀,
进一步碾碎,调至容易入口的状态。
2 将10倍粥碾碎,浇上1的鲷鱼牛奶糊,搅拌后
喂宝宝。

**吞咽期**
**5~6个月**

维生素
矿物质

蛋白质

南瓜泥更容易吞咽
## 鲷鱼南瓜泥

**[ 食材 ]**
鲷鱼…5g(寿司用生鱼片
1/2片)
南瓜…10g(2cm见方的
1块)
鲣鱼高汤…1/2~1大勺

**[ 做法 ]**
1 鲷鱼用开水煮熟后,碾至细腻状态。
2 南瓜去掉皮和籽,煮软、过滤成泥,加入鲣鱼
高汤调一下。
3 鲷鱼和南瓜泥搅拌均匀。

**MEMO** 白肉鱼与昆布的搭配也不错,也可以用加了昆布的鲣鱼高汤。

**蠕嚼期**
**7~8个月**

热量

维生素
矿物质

蛋白质

鸡蛋
乳制品
小麦

微波炉就可以轻松完成
## 鲷鱼西红柿面包羹

**[ 食材 ]**
鲷鱼…5g(寿司用生鱼
片1/2片)
西红柿…15g(1大勺果
肉)
切片面包…15g(8片装
的1片,去边)
白开水…适量

**[ 做法 ]**
1 西红柿去掉皮和籽,再碾碎,鲷鱼肉切碎。
2 切片面包撕碎至耐热容器中,加入没过的水,
静置5分钟。
3 将鲷鱼也放入耐热容器中,覆上保鲜膜,用微
波炉加热约1分钟,直至熟透。待表面散热后,
加入西红柿搅拌均匀,最后加入白开水调至
容易入口的状态。

**蠕嚼期**
**7~8个月**

热量

维生素
矿物质

蛋白质

鱼肉的香与洋葱的甜调出好味道
## 鲷鱼土豆泥

**[ 食材 ]**
鲷鱼…10g(寿司用生鱼
片1片)
土豆…40g(中等大小的
1/4个)
洋葱…15g(1个1.5cm
宽的扇形切片)

**[ 做法 ]**
1 土豆去皮,切成薄片。洋葱切成末。
2 土豆和洋葱倒入锅中,加入没过的水,用小
火加热,待土豆煮软后,加入鲷鱼煮熟。
3 待表面冷却后,用叉子碾碎。

吞咽期

蠕嚼期

蠕嚼期
7~8个月

热量

蛋白质

芋头带来和风口味
## 芋头鲷鱼羹

**【食材】**
鲷鱼…10g(寿司用生鱼片1片)
芋头…中等的1个
水…1/4杯
水溶淀粉…少许

**【做法】**
1 芋头洗干净后，切出一个十字形的切口，然后连皮用保鲜膜松散地包好，放入微波炉加热2分钟左右，待表面散热后，剥掉皮，碾碎成泥。
2 鲷鱼放入锅中，加水用中火煮熟。将鱼肉拨碎，再放入水溶淀粉调和一下。
3 将芋头盛入碗中，浇上鲷鱼。

**MEMO** 芋头表皮切一个口，再放入微波炉加热，去皮很方便。

蠕嚼期
7~8个月

维生素矿物质

蛋白质

味道清淡，肠胃更舒适
## 白萝卜炖鲷鱼

**【食材】**
鲷鱼…10g(寿司用生鱼片1片)
白萝卜泥(沥干水分后)…20g
鲣鱼高汤…1/2杯略少

**【做法】**
1 鲷鱼切碎。
2 白萝卜泥和鲣鱼高汤倒入锅中，中火煮开后，改成小火煮2分钟左右。
3 鲷鱼放入锅中煮熟。

细嚼期
9~11个月

维生素矿物质

蛋白质

乳制品

让宝宝大快朵颐的西洋口味
## 煎鲷鱼配西蓝花

**【食材】**
鲷鱼…15g(较大的寿司用生鱼片1片)
西蓝花…25g(2朵花蕾)
蔬菜汤…2大勺
水溶淀粉…少许
黄油…1/2小勺

**【做法】**
1 西蓝花煮软后切碎。
2 西蓝花、蔬菜汤倒入锅中，用中火煮开，放入水溶淀粉，调至黏稠状态后，盛入碗中。
3 平底锅内放入黄油，用中火加热融化后，加入鲷鱼，两面煎至焦黄，盛在西蓝花上。将鱼肉拨碎后给宝宝吃。

**MEMO** 加入淀粉调成糊状后，鱼肉更容易与西蓝花一起入口。

细嚼期
9~11个月

热量

维生素矿物质

蛋白质

乳制品

牛奶带来温和香味
## 鳕鱼菠菜烩饭

**【食材】**
鳕鱼…10g(1/12鳕鱼段)
菠菜叶…20g(4片大的)
软饭(参见P22)…90g(儿童碗1碗)
水…1/2杯
牛奶…1大勺

**【做法】**
1 鳕鱼剔掉皮和鱼刺，切成7mm的小块。菠菜叶稍煮一下，切成末。
2 鳕鱼和水倒入锅中，用中火煮开，加入菠菜、软饭煮2分钟左右。
3 把牛奶浇在上面，再煮一下。

**咀嚼期**
1岁~1岁半

维生素
矿物质

蛋白质

汤汁营养又美味
## 鲷鱼浓汤

[ 食材 ]
鲷鱼…15g(寿司用生鱼片1大片)
胡萝卜…30g(中等大小的1/5根)
西蓝花…10g(1小朵)
酱油…少许

[ 做法 ]
1 胡萝卜削皮,切成容易抓握的条状。西蓝花煮软。
2 胡萝卜放入锅中,加入没过的水,用小火煮软。
3 鲷鱼放入锅中煮熟后,倒入酱油调味,盛入碗中。加入西蓝花,将鱼肉拨碎后喂宝宝。

**咀嚼期**
1岁~1岁半

热量

维生素
矿物质

蛋白质

小麦

酸甜爽口的浓汤意面
## 鳕鱼西红柿意面

POINT

煮鱼肉时,下面铺上蔬菜,蔬菜的水分可以将鱼肉蒸得很软嫩。

[ 食材 ]
鳕鱼…15g(1/8鳕鱼段)
洋葱…10g(1个1cm宽的扇形切片)
胡萝卜…10g(2cm见方的1块)
意大利面…6根
水…3/5杯
西红柿汁…1/4杯

[ 做法 ]
1 将洋葱、削皮后的胡萝卜切成5mm见方的小块。意大利面折成小段。
2 洋葱、意大利面、水倒入锅中,煮开后调成小火,将意大利面煮软。
3 西红柿汁和鳕鱼倒入2的锅中,煮5分钟左右,然后轻轻将鱼肉拨碎。

**咀嚼期**
1岁~1岁半

维生素
矿物质

蛋白质

乳制品

清淡的白肉鱼与奶香完美契合
## 奶香鲷鱼炖青菜

[ 食材 ]
鲷鱼…10g(寿司用生鱼片1片)
菠菜叶…30g(大的6片)
黄油…1/2小勺
温水冲好的奶粉…1/4杯
奶酪粉…1小勺
淀粉…1/2小勺

[ 做法 ]
1 菠菜叶煮软,切碎。
2 黄油放入平底锅用中火融化,放入鲷鱼煎至两面熟,切成适当大小,盛入碗中。
3 将菠菜叶、冲好的奶粉、少许奶酪粉、淀粉倒入锅中搅拌后,用中火一边加热一边搅拌至黏稠状,然后浇在鲷鱼上,最后将剩余的奶酪粉撒在上面。

**咀嚼期**
1岁~1岁半

热量

蛋白质

小麦

鸡蛋

玲珑的外形和酥脆的口感非常受欢迎
## 香炸鳕鱼球

[ 食材 ]
鳕鱼…15g(1/6鳕鱼片)
小麦粉…2大勺
鸡蛋液…1小勺
水…2大勺
欧芹碎…少许
食用油…适量

[ 做法 ]
1 鳕鱼去掉皮和鱼刺,切成1cm见方的小块。
2 将小麦粉、鸡蛋液、水、欧芹碎倒入料理盆中,搅拌均匀。
3 锅中倒入油,加热至中温,鳕鱼块分别放入2中裹一下,放入油锅炸1分30秒左右,直至表面酥脆。

**MEMO** 可以用鲜牛奶代替奶粉。温和的香味让略带苦涩的青菜也变得容易入口。

# 金枪鱼罐头

原料一般为金枪鱼或鲣鱼。鱼肉去掉了皮和鱼刺，加热后直接密封，使用起来非常方便。从蠕嚼期开始，可以为宝宝添加不含盐的水浸型罐头。

**如何挑选**
辅食期要选择不含盐的水浸型。如果是油浸型，要用开水去油。

**营养成分**
含有优质蛋白质、DHA等营养。水浸型的热量是油浸型的1/4，是比较健康的高蛋白辅食。可以常备一些，满足宝宝的蛋白质需要。

## 与实物等大 各阶段辅食的形态

| 吞咽期 ▶▶▶ | 蠕嚼期 ▶▶▶ | 细嚼期 ▶▶▶ | 咀嚼期 |
|---|---|---|---|
| 5~6个月 | 7~8个月 | 9~11个月 | 1岁~1岁半 |

不可以添加

红肉鱼的脂肪较多，建议从蠕嚼期开始添加。

从罐头中取出鱼肉，如果有较大的肉块，用筷子仔细拨碎。

从罐头中取出鱼肉，如果有较大的肉块，用筷子仔细拨碎。

从罐头中取出鱼肉，如果有较大的肉块，用筷子粗粗拨开。

## 烹制要点

**POINT 1 水浸型罐头的汤汁也可以利用**

呈片状的水浸型的罐头，汤汁也可以用于辅食，而且可以取代鲣鱼高汤，起到调味作用。剩下的可以用于大人的饭菜中，烹煮或凉拌使用。

**POINT 2 较大的肉块要拨开**

即使是罐头，鱼肉也有碎有整。如果有较大的肉块，要用筷子仔细拨碎至宝宝容易入口的状态。

**POINT 3 油浸型罐头用开水去油**

将鱼肉倒入滤网中，沥掉汁水后，浇热水去油。其实这样也无法完全去除油脂，所以建议1岁之前尽量少添加油浸型罐头。

**POINT 4 油浸型罐头微波加热时要覆上保鲜膜**

用微波炉加热油浸型罐头时，很容易造成鱼肉飞散，务必要覆上保鲜膜。此外，与米粥等搅拌后再加热可以避免飞散。

## 冷冻和解冻的小窍门

**基本技巧 连汁水一起分装保存 还可以作为预备菜肴**

\ 用硅胶杯分装 /    \ 做成鱼肉饭保存 /

可以用硅胶杯或小号容器，将鱼肉罐头连汁水一起保存。还可以做成鱼肉饭或大阪烧等，来不及做辅食的时候可以帮上大忙。

**妈妈更轻松 用制冰格冷冻成小块非常方便**

用制冰格冷冻后装入袋子

金枪鱼乌冬面完成

我会将一整罐金枪鱼罐头用制冰格分装好，然后冷冻成小块，最后装到保鲜袋里。将它们与冷冻乌冬面或蔬菜一起解冻，就变成了食材丰富的乌冬面了！桥本薰（妈妈）、结和（儿子·1岁2个月）

蠕嚼期
7~8个月

热量

维生素
矿物质

蛋白质

鸡蛋

乳制品

小麦

所有食材放在一起，微波炉热一下就完成

## 金枪鱼番茄面包羹

**[ 食材 ]**
金枪鱼罐头… 10g(2/3大勺)
切片面包…15g(8片装的1片，去掉面包边)
西红柿汁(无盐)…2大勺
蔬菜汤…2大勺

**[ 做法 ]**
1 面包切碎。
2 将面包、金枪鱼罐头、西红柿汁、蔬菜汤一起倒入耐热容器，覆上保鲜膜，放入微波炉加热1分30秒，然后在保鲜膜封好的状态下焖至冷却。
3 冷却后仔细搅拌，拨碎金枪鱼肉。

细嚼期
9~11个月

热量

维生素
矿物质

蛋白质

鱼香浸入土豆泥中，非常美味

## 金枪鱼肉拌土豆泥

**[ 食材 ]**
金枪鱼罐头… 15g(1大勺)
土豆…80g(1/2个)
胡萝卜…20g(2cm见方的2块)
洋葱…10g(1个1cm宽的扇形切片)

**[ 做法 ]**
1 土豆、胡萝卜削皮，切成扇形片状。将洋葱切成边长1cm的小块。
2 土豆、胡萝卜、洋葱倒入锅中，加入没过的水，用小火煮软后，沥掉汤汁(汤汁留用)。
3 土豆、胡萝卜、洋葱碾碎，加入金枪鱼肉搅拌，再加一些汤汁调和至容易入口的状态。

咀嚼期
1岁~1岁半

热量

维生素
矿物质

蛋白质

小麦

没空买菜的时候，利用家中常备菜也能做出美味

## 金枪鱼洋葱意面

**[ 食材 ]**
金枪鱼罐头… 15g(1大勺)
洋葱…30g(中等大小的1/5个)
意大利面…30g
橄榄油…少许

**[ 做法 ]**
1 洋葱切成薄片。
2 意大利面折成2~3cm的段，煮得软一些。
3 平底锅中倒入橄榄油，中火加热，然后倒入洋葱翻炒至变软。再加入金枪鱼肉，炒1分钟左右，最后加入意大利面整体搅拌均匀。

咀嚼期
1岁~1岁半

热量

维生素
矿物质

蛋白质

用鱼肉调和蔬菜的苦涩

## 金枪鱼菠菜饭团

**[ 食材 ]**
金枪鱼罐头… 10g(2/3大勺)
菠菜叶…30g(6大片)
软饭(参见P22)…90g(儿童碗1碗)

**[ 做法 ]**
1 菠菜叶煮软后切碎。
2 将菠菜与软饭、沥干汤汁的金枪鱼肉搅拌在一起，用保鲜膜卷成细长条，再分段拧成一口大小的球。

*POINT*

也可以卷成条状，直接带出门，吃的时候再拧成球状。

蠕嚼期

细嚼期

咀嚼期

# 鸡蛋

◉ 如何挑选

尽量选择新鲜的鸡蛋。蛋壳是红色还是白色，不影响鸡蛋本身的营养。

◉ 营养成分

富含蛋白质、维生素、矿物质，以及人体自身无法合成的氨基酸，营养价值高。不要因为担心过敏，而不给宝宝添加，应当严格遵守添加时机，完全煮熟后给宝宝吃。

蠕嚼期的婴儿适应了豆腐和白肉鱼之后，可以从 1 勺蛋黄开始添加鸡蛋。整个辅食期，鸡蛋都必须达到全熟。

## 各阶段辅食的形态

与实物等大

| 吞咽期 ▶▶▶ | 蠕嚼期 ▶▶▶ | 细嚼期 ▶▶▶ | 咀嚼期 |
|---|---|---|---|
| 5~6个月 | 7~8个月 | 9~11个月 | 1岁~1岁半 |
| ✕ 还不能添加 |  |  |   |
| 为防止过敏，建议从蠕嚼期开始添加。 | 煮至全熟的蛋黄，用白开水调成糊状。先从 1 勺蛋黄开始添加，宝宝能吃整个蛋黄后，最多可以添加 1/3 个整鸡蛋。 | 将全熟的蛋白切成 5mm 见方的小块，与碾碎的蛋黄搅拌后给宝宝。如果觉得不易入口，可以加白开水调和。 | 将全熟的蛋白切成 1cm 见方的小块，与碾碎的蛋黄搅拌后给宝宝。如果觉得不易入口，可以加白开水调和。 |

## 烹制要点

**POINT 1 一定要全熟**

鸡蛋放入锅中，加入没过鸡蛋的水，沸腾后再煮 10 分钟，就达到了全熟状态。放在冷水中冷却，捞出剥掉蛋壳。待宝宝长到 1 岁，并完全适应了全熟鸡蛋后才可以吃半熟鸡蛋。

**POINT 2 蛋黄与蛋白分阶段添加**

为了防止过敏，蠕嚼期中期之前，都不要给宝宝添加蛋白。煮熟的鸡蛋比生鸡蛋更容易分离出蛋黄。

**POINT 3 用保鲜膜封好碾碎蛋黄很方便**

煮熟的蛋黄可以用叉子等碾碎，用保鲜膜封好后再碾碎，可以防止四处飞散。此外，用滤网过滤，可以得到很均匀的粉末。

**POINT 4 加入牛奶的煎鸡蛋更柔软**

做煎鸡蛋或炒鸡蛋时，蛋液打好后，按照 1 个鸡蛋加入 1~2 小勺牛奶的比例搅拌，口感会变得很柔软。即使不放别的调料，味道也很香浓。

## 冷冻和解冻的小窍门

**基本技巧 蛋黄或鸡蛋丝等全熟的鸡蛋可以冷冻**

\蛋黄末/ | \鸡蛋切丝/

新鲜的生鸡蛋不能冷冻，但全熟蛋黄末、煎鸡蛋、鸡蛋丝、炒鸡蛋等可以冷冻。为宝宝补充蛋白质，或为辅食增加鲜艳色彩时，都可以解冻后直接使用。

**妈妈更轻松 亲子同乐的蛋包饭**

将炒饭调味后，分成两份，用煎好的鸡蛋包好，再用番茄酱画上可爱的笑脸，蛋包饭就完成啦！而且宝宝吃的和大人吃的看上去一样，宝宝也更爱吃。村上美纱子（妈妈）、里奈（女儿·1岁2个月）

宝宝吃的

大人吃的

**利用煎鸡蛋卷帮助宝宝吃蔬菜**

\放了很多蔬菜/

宝宝不爱吃的蔬菜，卷进鸡蛋卷一起吃，非常有效。山田凉子（妈妈）、侑佳（女儿·1岁3个月）

蛋黄带来温和香味
## 蛋黄酸奶拌土豆泥

蠕嚼期
7~8个月

热量
蛋白质

鸡蛋
乳制品

【食材】
全熟鸡蛋黄…半个
土豆…20g（中等大小的1/8个）
原味酸奶…25g

【做法】
1 土豆去皮后煮烂。
2 将土豆、蛋黄一起碾碎，最后加入酸奶拌匀即可。

**MEMO** 蛋黄的量可以减至半个以下，根据宝宝实际的饭量而定。

鲣鱼高汤让蛋黄更顺滑
## 蛋黄芜菁乌冬面

蠕嚼期
7~8个月

热量
维生素
矿物质
蛋白质

鸡蛋
小麦

【食材】
全熟鸡蛋黄…1个
芜菁…20g（1/6个）
乌冬面…50g（1/4包）
鲣鱼高汤…1杯

【做法】
1 芜菁削皮、切碎，乌冬面切小段。
2 将芜菁、乌冬面、鲣鱼高汤一起倒入锅中，以小火加热，煮软。最后将蛋黄揉碎至锅中，搅拌均匀。

鸡蛋带来营养和美味
## 西蓝花鸡蛋面包羹

蠕嚼期
7~8个月

热量
维生素
矿物质
蛋白质

鸡蛋
乳制品
小麦

【食材】
全熟鸡蛋黄…半个
西蓝花…15g（1小朵半）
切片面包…25g（8片装的1/2片）
水…4大勺
水溶淀粉…少许

【做法】
1 西蓝花煮软，取花头部分切成细丁。
2 将面包一边撕碎一边放入锅内，加水，静置5分钟左右，待面包吸水涨开后，开小火。
3 面包煮开后搅拌一下，加入西蓝花，将蛋黄揉碎放入锅中，轻轻搅拌，最后倒入水溶淀粉使其呈黏稠状。

用柔软的鸡蛋包裹蔬菜纤维
## 菠菜鸡蛋汤

蠕嚼期
7~8个月

维生素
矿物质
蛋白质

鸡蛋

【食材】
鸡蛋液…1/3个鸡蛋
菠菜叶…15g（3大片）
鲣鱼高汤…80ml
水溶淀粉…少许

【做法】
1 菠菜叶煮软后切碎。
2 锅中倒入鲣鱼高汤，用中火煮沸后，加入菠菜，然后一边加入水溶淀粉，一边轻轻搅拌出黏稠感，最后浇入鸡蛋液煮熟。

蠕嚼期

# 鸡蛋

**细嚼期**
**9~11个月**

维生素
矿物质

蛋白质

鸡蛋

乳制品

补铁的手指食物
## 羊栖菜鸡蛋卷

**[ 食材 ]**
**2 顿的分量**
鸡蛋…1个
羊栖菜芽干…
1小勺
牛奶…2小勺
植物油…少许

**[ 做法 ]**
1 羊栖菜芽干放入耐热容器,加入1/4杯水,覆上保鲜膜,放入微波炉加热约30秒,静置5分钟,沥去水分。
2 将鸡蛋打碎,加入羊栖菜芽干、牛奶,搅拌均匀。
3 平底锅内倒入油,倒入2的一半,煎至半熟后向前卷起,推至锅边,再将2的另一半倒入锅中,用同样的方法煎熟,最后切成方便宝宝抓握的大小。

**细嚼期**
**9~11个月**

维生素
矿物质

蛋白质

鸡蛋

鸡蛋充分吸收蔬菜汤汁
## 辅食版关东煮

**[ 食材 ]**
全熟鸡蛋…半个
白萝卜…20g(2cm见方
的2块)
胡萝卜…10g(2cm见方
的1块)
鲣鱼高汤…1杯

**[ 做法 ]**
1 白萝卜削皮后切成1cm见方的小块,胡萝卜切成7mm见方的小块。
2 鲣鱼高汤、白萝卜、胡萝卜一起倒入锅中,用小火加热,煮至手指可以碾碎的程度。
3 煮鸡蛋切成1cm见方的小块。将鸡蛋块、白萝卜、胡萝卜盛入碗中,淋上汤汁。

**细嚼期**
**9~11个月**

维生素
矿物质

蛋白质

鸡蛋

与豆腐口感相似,宝宝都喜欢
## 西蓝花蒸鸡蛋

**[ 食材 ]**
鸡蛋液…半个鸡蛋
西蓝花…15g(1小朵)
鲣鱼高汤…80ml

**[ 做法 ]**
1 将鲣鱼高汤倒入鸡蛋液搅拌均匀,然后用滤网过滤。
2 西蓝花切碎,倒入鸡蛋液后搅拌均匀。
3 鸡蛋液倒入碗中,覆上保鲜膜,在锅里铺一张厨房纸巾,将碗放在纸巾(或蒸架)上。锅内加水至碗的一半高,用中小火加热。
4 沸腾后用小火继续蒸8分钟,至鸡蛋全熟。

**细嚼期**
**9~11个月**

维生素
矿物质

蛋白质

鸡蛋

鸡蛋一定要全熟
## 菠菜炒鸡蛋

**[ 食材 ]**
鸡蛋液…半个鸡蛋
菠菜…20g(2/3棵)
植物油…少许
番茄酱…少许

**[ 做法 ]**
1 菠菜煮软后切碎。
2 平底锅内倒入植物油,中火加热,然后倒入菠菜翻炒,再加入鸡蛋,用筷子一边翻炒一边搅拌至鸡蛋熟透。
3 菠菜炒蛋盛入盘中,用番茄酱点缀即可。

咀嚼期
1岁~1岁半

维生素矿物质
蛋白质
鸡蛋

利用家中现有蔬菜
## 什锦炒鸡蛋

**[食材]**
鸡蛋液…2/3个鸡蛋
蔬菜组合(西红柿、菠菜、洋葱等)…共30g
橄榄油…少许

**[做法]**
1 将需要去皮或籽的蔬菜择干净、切丁,放入耐热容器中,覆上保鲜膜,微波炉加热30秒。
2 将鸡蛋液与加热后的蔬菜搅拌均匀。
3 平底锅内倒入橄榄油,用中火加热,倒入2,用筷子一边搅拌一边翻炒至熟透。

**POINT**
宝宝平时不爱吃的蔬菜,都可以这样切成丁与鸡蛋翻炒,宝宝更容易接受。

咀嚼期
1岁~1岁半

热量
维生素矿物质
蛋白质
鸡蛋
乳制品

甜甜的米饭与柔软的鸡蛋完美搭配
## 鸡蛋胡萝卜饭

**[食材]**
鸡蛋液…半个鸡蛋
胡萝卜…20g(2cm见方的2块)
米饭…80g(儿童碗8分满)
牛奶…1/2小勺
黄油…少许+1/2小勺

**[做法]**
1 胡萝卜去皮,煮软,然后碾碎。
2 将胡萝卜、米饭、少许黄油搅拌均匀后,盛入碗中。
3 鸡蛋液中倒入牛奶,搅拌均匀。平底锅内放入1/2小勺黄油,用中火融化后,倒入鸡蛋液炒熟,最后盛在米饭上即可。

咀嚼期
1岁~1岁半

热量
蛋白质
鸡蛋

轻松摄入营养,可以当作早饭
## 油煎鸡蛋拌饭

**[食材]**
鸡蛋液…2/3个鸡蛋
米饭…50g(儿童碗半碗)
橄榄油…少许

**[做法]**
1 鸡蛋液与米饭搅拌均匀。
2 平底锅内倒入橄榄油,中火加热,然后将1的混合物一勺勺舀入锅中,两面煎熟。

咀嚼期
1岁~1岁半

维生素矿物质
蛋白质
鸡蛋
乳制品

味道清淡柔和,妈妈也可以吃的甜点
## 南瓜布丁

**[食材]**
**2顿的分量**
鸡蛋…1个
南瓜…40g(3cm见方的2块)
牛奶…1/2杯

**[做法]**
1 南瓜去掉皮和籽,煮软,过滤成泥。
2 鸡蛋打散后,加入牛奶搅拌均匀,再用滤网过滤。南瓜泥倒入其中,充分搅拌,均匀地倒入2个耐热容器中。
3 蒸锅里的水烧开后,放入耐热容器,盖上盖子用小火蒸15分钟左右。

细嚼期

咀嚼期

169

# 纳豆·水煮黄豆

纳豆由黄豆发酵而来，具有独特的黏性，很容易入口。水煮黄豆在细嚼期之后添加，并且要剥掉外皮再给宝宝吃。

**⊙ 如何挑选**
从蠕嚼期开始，给宝宝添加切碎的纳豆粒。可以根据宝宝的咀嚼能力选择添加大粒或小粒纳豆。

**⊙ 营养成分**
由黄豆发酵而来的纳豆，含有保护皮肤和黏膜组织的维生素 $B_2$、强化骨骼的维生素 K、铁、钙，比未经发酵的黄豆含量更高。而水煮黄豆只要煮得足够软烂，营养就可以被充分吸收。

## 与实物等大 各阶段辅食的形态

| 吞咽期 | ▶▶▶ 蠕嚼期 | ▶▶▶ 细嚼期 | ▶▶▶ 咀嚼期 |
|---|---|---|---|
| 5~6个月 | 7~8个月 | 9~11个月 | 1岁~1岁半 |

**还不能添加**

为了防止过敏，建议从蠕嚼期开始添加纳豆。

可以添加纳豆碎，或自己将整粒的纳豆切碎。

可以直接添加整粒纳豆。

可以直接添加整粒纳豆。

## 烹制要点

**POINT 1 蠕嚼期选用纳豆碎很方便**

购买现成的纳豆碎，无需自己切碎，很方便。可以利用它的黏性，与蔬菜拌在一起，或给汤汁增加黏稠口感。第一次喂宝宝吃时，最好加热一下。

**POINT 2 切纳豆时铺一层保鲜膜**

切碎纳豆时，下面可以铺一层保鲜膜，以保持案板的清洁。纳豆切碎后，既容易入口，也容易消化。

**POINT 3 热水可以去除纳豆的黏稠口感**

很多宝宝喜欢纳豆黏黏的口感，不喜欢这种口感的宝宝，可以将纳豆倒入滤网中，在热水中洗一下，去掉黏稠感，喂饭时宝宝嘴巴四周和碗边也会清爽一些。

**POINT 4 水煮黄豆需去皮**

婴儿很难消化黄豆表面的薄皮，建议用手一个个捻掉。细嚼期之后，可以把水煮黄豆碾碎或剁碎，用来拌饭、煎烤、蒸点心等。

## 冷冻和解冻的小窍门

**基本技巧 直接冷冻 再转移到冷藏室自然解冻**

\ 放入保鲜袋冷冻 /　\ 用保鲜膜包好冷冻 /

纳豆即使经过冷冻，营养和口感也不会有太大的损失，建议将吃不完的直接分装冷冻。可以采用自然解冻或加热解冻的方法。水煮黄豆建议去皮后再冷冻。

**妈妈更轻松 把纳豆做成春卷就不怕黏手**

黏滑的纳豆不方便宝宝抓着吃，包在春卷里就很方便了。大人可以蘸芥末酱油吃。
鲁坦（妈妈）、琉华（女儿·1岁半）

**隔着透明薄膜给纳豆划出分割线**

冷冻后嘎巴一声 直接挖走一份　　划好分割线

隔着纳豆包装盒内的透明薄膜划好分割线，可以保持铲子清洁。冷冻后要用的时候就能挖走一份。凯蒂（妈妈）、女儿（1岁）

蠕嚼期 7～8个月

维生素 矿物质

蛋白质

纳豆的黏性带来顺滑口感
## 西红柿黄瓜拌纳豆

[ 食材 ]
纳豆碎…8g(不足1大勺)
西红柿…20g(中等大小的1/8个)
黄瓜…10g(中等大小的1/10根)

[ 做法 ]
1 西红柿去掉皮和籽,切碎。黄瓜削皮后切丁。
2 黄瓜、西红柿、纳豆搅拌均匀。
3 2的食材放入耐热容器中,微波炉加热约1分钟。

**MEMO** 还可以将小白菜、西蓝花等宝宝不太喜欢的蔬菜与纳豆拌匀。

蠕嚼期 7～8个月

热量

维生素 矿物质

蛋白质

汤汁口感醇厚
## 纳豆汤

[ 食材 ]
纳豆碎…15g(1大勺多)
土豆…15g(中等大小的1/10个)
洋葱…5g(1个5mm宽的扇形切片)
鲣鱼高汤…1/2杯

[ 做法 ]
1 土豆削皮后切碎。洋葱也切碎。
2 将土豆、洋葱、鲣鱼高汤一起倒入锅中,煮软。最后加入纳豆,一边煮,一边搅拌均匀。

细嚼期 9～11个月

热量

蛋白质

小麦

让宝宝爱上黄豆的香糯
## 煎黄豆小饼

[ 食材 ]
水煮黄豆…10g(1大勺)
小麦粉…2大勺
水…1大勺
植物油…少许

[ 做法 ]
1 黄豆去掉外面的薄皮,切成小丁。
2 黄豆、小麦粉、水倒入料理盆中,搅拌均匀。
3 植物油倒入平底锅中,中火加热,用勺子将2舀入锅中,摊成小饼,煎至两面熟透。

咀嚼期 1岁～1岁半

维生素 矿物质

蛋白质

小麦

口感酥脆,可与汤面搭配
## 香炸纳豆彩椒

[ 食材 ]
纳豆碎…15g(1大勺多)
彩椒…20g(中等大小的1/6个)
小麦粉…1大勺
食用油…适量

[ 做法 ]
1 彩椒去皮,切碎。
2 彩椒、纳豆碎、小麦粉倒入料理盆中搅拌均匀。
3 平底锅内倒入约1cm深的油,中火加热,用勺子将2的食材舀至锅中,炸1分30秒左右捞出即可。

**POINT**

用一只勺子舀起,另一只勺子压着送入油锅,更方便操作。

蠕嚼期

细嚼期

咀嚼期

171

# 鸡小胸

辅食中的肉类要从低脂肪、软嫩且容易消化吸收的鸡胸肉开始添加。但是鸡胸肉加热后口感粗糙，妈妈们要想办法把肉做得细嫩一些。

## 与实物等大 各阶段辅食的形态

| 吞咽期 ▶▶▶ | 蠕嚼期 ▶▶▶ | 细嚼期 ▶▶▶ | 咀嚼期 |
|---|---|---|---|
| 5~6个月 | 7~8个月 | 9~11个月 | 1岁~1岁半 |
| ✕ 还不能添加 |  |  |  |
| 肉类辅食应该在宝宝进入蠕嚼期后，从脂肪含量较少的鸡胸肉开始添加。 | 添加初期，用开水煮熟、碾碎后要增加顺滑度。待宝宝适应了，将肉切碎即可。 | 用开水煮熟，碾碎至留有一定的颗粒感，再增加顺滑度。适应后直接切碎亦可。 | 用开水煮熟，切成 5mm 的小块。 |

## 烹制要点

**POINT 1** 去掉白色的筋

鸡胸肉中心部位有一根白色的筋要去掉。具体方法是：从筋的一端下方切入，剔出一头，拉住它，用刀沿着剔出。

**POINT 2** 煮熟后用手撕碎

用开水煮熟鸡胸肉，沿着鸡肉纤维的走向撕碎。蠕嚼期的宝宝，可以用手撕碎鸡肉后，再用菜刀切碎、碾碎。

**POINT 3** 用斜刀法片成肉片再用微波炉加热

用微波炉加热前，先用斜刀法将鸡胸肉片成肉片，切断鸡肉的纤维，更容易撕碎。一条鸡胸肉配 1/2 小勺淀粉和 1 大勺的水，覆上保鲜膜，用微波炉加热 40 秒 ~1 分钟即可。

**POINT 4** 用叉子碾碎更高效

微波炉加热后，用叉子碾碎鸡肉更有效率，鸡肉在水和淀粉的作用下，口感更嫩滑，是解决口感粗糙的好办法。

## 冷冻和解冻的小窍门

**基本技巧** 烹制成容易入口的状态再分装冷冻

用保鲜膜包好后冷冻

把一条鸡胸肉（约 50g）煮熟后，按照每顿的量分装冷冻，用起来比较方便。用微波炉解冻的话，水分容易流失，影响口感，建议解冻之前添加适量的水。

**妈妈更轻松** 水煮鸡胸肉罐头用起来很方便

水煮鸡胸肉罐头很方便

水煮鸡胸肉罐头打开后可以直接使用，很方便，宝宝也爱吃。我会经常把它和蔬菜一起烹煮。美铃（妈妈）、悟（儿子·1岁）

用鸡胸肉拌的软饭变身宝宝喜欢的手指食物

将鸡胸肉、蔬菜、淀粉和软饭拌匀，煎成小饼，让女儿抓着吃，她非常喜欢。白井彩可（妈妈）、杏树（女儿·10个月）

## 蠕嚼期 7~8个月

维生素 矿物质

蛋白质

鲣鱼高汤味的羹，告别鸡胸肉的粗糙口感

# 南瓜鸡肉羹

**[食材]**
鸡胸肉…10g(1/5条)
南瓜…30g(3cm见方的1块)
鲣鱼高汤…3大勺略少
水溶淀粉…少许

**[做法]**
1 将鸡胸肉切碎后放入锅中，加入2大勺鲣鱼高汤，以中火煮开后，加入水溶淀粉调至黏稠。
2 南瓜去籽，用保鲜膜松散地包好，放入微波炉加热1分钟，去皮并碾成泥，再用剩余的鲣鱼高汤调和软度。
3 南瓜盛入碗中，点缀上鸡胸肉。

## 蠕嚼期 7~8个月

热量

维生素 矿物质

蛋白质

小麦

用余热焖一下，鸡肉不会柴

# 鸡肉蔬菜乌冬面

**[食材]**
鸡胸肉…10g(1/5条)
胡萝卜…15g(2.5cm见方的1块)
油菜叶…5g(1大片)
水煮乌冬面…35g(1/6包)
鲣鱼高汤…1/2杯

**[做法]**
1 水烧开后放入鸡胸肉，再次煮沸后关火，静置5分钟，捞出切碎。
2 胡萝卜削皮后煮软，切成细丁。将油菜、乌冬面切成小段。
3 鲣鱼高汤倒入锅中，用小火加热后，倒入胡萝卜、油菜、乌冬面煮5分钟左右，然后盛入碗中，最后盛上鸡胸肉。

## 细嚼期 9~11个月

蛋白质

撒上淀粉后，鸡肉表面变得很光滑

# 水煮鸡胸肉

**[食材]**
鸡胸肉…15g(不足1/3条)
淀粉…适量

**[做法]**
1 将鸡胸肉用斜刀法片成5mm厚的肉片，撒上淀粉后，放入开水煮20秒左右。
2 稍微冷却后，切成容易入口的大小。

## 咀嚼期 1岁~1岁半

维生素 矿物质

蛋白质

黏稠的羹与蔬菜搭配

# 西蓝花配鸡肉羹

**[食材]**
鸡胸肉…20g(2/5条)
西蓝花…50g(5小朵)
鲣鱼高汤…1/3杯
水溶淀粉…少许

**[做法]**
1 西蓝花煮软后，切成1cm大小的块。鸡胸肉切碎。
2 鲣鱼高汤倒入锅中煮沸后，倒入鸡胸肉煮一会儿，加入水溶淀粉调至黏稠状。
3 西蓝花盛入盘中，浇上鸡胸肉。

**MEMO** 鸡胸肉用斜刀法切成片后再加热。鸡肉纤维更容易被宝宝嚼碎。

蠕嚼期

细嚼期

咀嚼期

# 鸡大胸·鸡腿肉

宝宝适应了鸡胸肉，下一步可以添加鸡腿肉。如果买肉糜的话，要选脂肪含量少的去皮鸡胸肉。

**◉ 如何挑选**

鸡腿肉和鸡胸肉要选择有一定厚度的，有弹性且没有汁水滴出的。

**◉ 营养成分**

鸡胸肉和鸡腿肉去皮后，脂肪含量锐减。均衡地含有人体所必需的各种氨基酸，其中鸡腿肉富含对人体有益的脂肪酸和铁，鸡胸肉含有能保护人体皮肤和黏膜组织的维生素 A 和 B 族维生素。

## 与实物等大 各阶段辅食的形态

| 吞咽期 ▶▶▶ | 蠕嚼期 ▶▶▶ | 细嚼期 ▶▶▶ | 咀嚼期 |
|---|---|---|---|
| 5~6个月 | 7~8个月 | 9~11个月 | 1岁~1岁半 |
| 还不能添加 | 适应了鸡胸肉之后再添加 |  |  |
| 添加肉类要从蠕嚼期开始。 | 进入蠕嚼期后，按照鸡胸肉→鸡腿肉的顺序添加鸡肉。 | 鸡胸肉糜搓成直径 1cm 左右的丸子，用开水煮熟。 | 将鸡腿肉切成1cm大小的块，用平底锅焖熟。 |

## 烹制要点

**POINT 1** 肉糜加入淀粉和水搅拌均匀后再加热

50g 肉糜加 1 大勺水、1/2 小勺淀粉后搅拌均匀，然后覆上保鲜膜，放入微波炉加热 40 秒 ~1 分钟，冷却后碾碎即可。淀粉与水使鸡肉变得足够软嫩。

**POINT 2** 用肉糜做肉丸需要仔细揉捏

将鸡肉糜搓成肉丸，炖煮后宝宝们很喜欢。肉糜需要用手仔细揉捏均匀，这样口感比较柔软，且容易成形。

**POINT 3** 用微波炉加热

鸡胸肉切成薄片，切断纤维后，加入淀粉和水，覆上保鲜膜后放入微波炉加热。这样不仅容易碾碎，口感也更软嫩。（参照 P172 鸡胸肉烹制要点③④）

**POINT 4** 鸡腿肉要仔细去掉皮和脂肪

鸡腿肉要去掉鸡皮、白色脂肪和筋，只取肉的部分。相比鸡胸肉，鸡腿肉加热后更加软嫩，适合做炖、煎、炒。

## 冷冻和解冻的小窍门

**基本技巧** 烹制成容易入口的状态后冷冻

放入保鲜袋冷冻保存　用保鲜膜包好冷冻保存

肉糜调理成肉松或丸子再冷冻，用起来特别方便。鸡胸肉煮熟或微波炉加热后拨碎再冷冻，鸡腿肉可以焖熟再冷冻。

**妈妈更轻松** 用鸡肉丸味噌汤给宝宝做乌冬面

宝宝吃的

大人吃的

用鸡肉丸和家里备有的蔬菜做成味噌汤，分出一部分，与切碎的乌冬面一起，给宝宝做了鸡肉乌冬面。樽见美希（妈妈）·阳季（儿子·1岁1个月）

**细嚼期**
**9~11个月**

热量

维生素
矿物质

蛋白质

水煮后脂肪变少，口感更好
## 鸡肉萝卜盖饭

**[ 食材 ]**
鸡肉糜…15g（1大勺）
白萝卜…30g（3cm见方的
1块） 萝卜叶…少许
软饭（参见P22）…90g
（儿童碗1碗）
鲣鱼高汤…1/4杯
A（水溶淀粉…1/4小勺
　水…1小勺）

**[ 做法 ]**
1 白萝卜削皮后，切成5mm的小块。萝卜叶切碎。鸡肉糜倒入几乎没过的热水，一边拨碎一边煮，然后捞出。
2 将白萝卜、鲣鱼高汤放入锅中，用小火煮3分钟，再加入萝卜叶煮熟，最后加入鸡肉糜，将A搅拌后倒入，调至黏稠状。
3 软饭盛入碗中，浇上萝卜鸡肉末。

**细嚼期**
**9~11个月**

维生素
矿物质

蛋白质

香浓的汤汁为鸡肉带来醇厚口感
## 鸡肉玉米汤

**[ 食材 ]**
鸡胸肉…15g
玉米浓汤罐头…30g（2
大勺）
水…1/3杯
水溶淀粉…少许

**[ 做法 ]**
1 鸡肉切成7mm大小的块。将玉米浓汤用滤网过滤一下。
2 将水、玉米浓汤倒入锅中，用中火煮开，然后加入鸡肉用小火炖煮。
3 待鸡肉煮熟后，倒入水溶淀粉，调至黏稠状即可。

**咀嚼期**
**1岁~1岁半**

维生素
矿物质

蛋白质

煮得软嫩的鸡肉口感很棒
## 鸡肉丸煮蔬菜

**[ 食材 ]**
鸡肉糜…15g（1大勺）
宝宝喜欢的蔬菜（白萝卜、胡萝卜、西蓝花等）…共40g
鲣鱼高汤…适量

**[ 做法 ]**
1 蔬菜切成1cm见方的小块。将鸡肉糜揉捏至细腻，搓成丸子。
2 锅中放入蔬菜，倒入鲣鱼高汤至没过，煮软。
3 肉丸倒入锅中，煮熟为止。

**MEMO** 鸡肉丸捏成与零食小馒头一样大，方便宝宝用手抓着吃。

**咀嚼期**
**1岁~1岁半**

热量

维生素
矿物质

蛋白质

鸡肉蔬菜吃光光的人气菜品
## 鸡肉饭

**[ 食材 ]**
鸡腿肉… 15g
西红柿…30g（中等大小的1/5个） 青椒…少许
洋葱…10g（1个1cm宽的扇形切片）
米饭…80g（儿童碗8分满） 植物油…少许

**[ 做法 ]**
1 西红柿去掉皮和籽，连同洋葱、青椒切碎。鸡肉去掉皮和脂肪，切成1cm见方的小块。
2 平底锅内倒入植物油，中火加热，然后倒入鸡肉、洋葱、青椒，粗略地翻炒一下，调成小火，加入西红柿，再炒1分钟左右。
3 米饭倒入锅中，一边整体搅拌均匀，一边翻炒1分钟即可。

# 牛肉·猪肉

进入细嚼期后，按照瘦牛肉→瘦猪肉的顺序给宝宝添加。混合了牛肉和猪肉的肉糜，从咀嚼期开始添加，并且要选择肥肉较少的。

● 如何挑选
无论是牛肉、猪肉的肉糜还是切片，都要选择瘦肉多且新鲜的。

● 营养成分
牛肉的蛋白质容易被人体消化吸收，且富含婴儿细嚼期之后容易缺乏的铁。猪肉富含能缓解疲劳的维生素B₁，与洋葱和大葱一起烹饪能提高其吸收率。

## 各阶段辅食的形态

| 吞咽期 ▶▶▶ | 蠕嚼期 ▶▶▶ | 细嚼期 ▶▶▶ | 咀嚼期 |
|---|---|---|---|
| 5~6个月 | 7~8个月 | 9~11个月 | 1岁~1岁半 |
| 还不能添加 | 还不能添加 |  |  |
| 为防止过敏，建议从蠕嚼期开始添加。 | 蠕嚼期只能添加鸡肉。 | 将瘦牛肉与少许淀粉搅拌均匀后，搓成1cm大小的肉圆，用平底锅煎熟。 | 将瘦猪肉片撒上少许淀粉后切碎，再用平底锅炒熟。 |

## 烹制要点

**POINT 1** 猪肉和牛肉只用瘦肉部分

左边的瘦肉切片比较适合辅食，右边的肥肉较多，会对宝宝的肠胃造成负担，选购的时候要注意。购买肉糜时也要挑选瘦肉糜。

**POINT 2** 肉片要仔细切碎

宝宝的磨牙还未长出，无法将肉完全嚼烂，所以买回来的瘦肉切片时要切得碎一些。进入咀嚼期之后，如果宝宝嚼不烂的话，还是要切碎。

**POINT 3** 水煮肉片要一片片地下锅

水煮肉片的做法通常是，锅内倒入足量的水，烧开后，将肉一片片下锅烫熟，然后捞出放在滤网上。（一次放很多肉片，会导致水温下降。）

**POINT 4** 平摊在滤网上盖上保鲜膜

将煮熟的肉片摊在滤网上，盖上保鲜膜冷却，这样可以防止肉质变干。如果下锅前撒上淀粉，口感会更加细腻。待肉片冷却，切碎即可。

## 冷冻和解冻的小窍门

**基本技巧** 煮熟后冷冻烹制时取出

装入保鲜袋冷冻保存

把肉糜做成肉松或肉圆，或把肉片煮熟后切碎，放入保鲜袋冷冻，按需取出，非常方便。

**妈妈更轻松** 做成咖喱口味 菜和肉都被宝宝吃光光

女儿1岁以后，我用儿童的奶油咖喱给她炖肉吃，蔬菜和肉都吃光了。佐藤绢代（妈妈）、夏帆（女儿·1岁3个月）

用肉糜做土豆炖肉 调味前留出宝宝的份

宝宝吃的

大人吃的

我先生喜欢吃土豆炖肉，我就用鲣鱼高汤炖肉糜，分出宝宝吃的那份后再加大人的调料。草莓（妈妈）、里诺（女儿·9个月）

细嚼期
9~11个月

热量
维生素 矿物质
蛋白质

与粥搭配，更容易入口
# 牛肉海苔粥

[ 食材 ]
瘦牛肉糜…15g（1大勺）
5倍粥（参见P22）…90g
（儿童碗不足1碗）
青海苔…少许

[ 做法 ]
1 把牛肉糜倒入足量的开水中，一边搅散一边煮开，然后捞出沥水。
2 将肉糜和青海苔放入5倍粥，搅拌均匀。

MEMO 青海苔富含矿物质，直接吃容易呛着，与粥拌在一起就可以安心食用了。

细嚼期
9~11个月

维生素 矿物质
蛋白质

猪肉配上柔软的豆腐
# 猪肉炖豆腐

[ 食材 ]
瘦猪肉糜…5g（1小勺）
胡萝卜…20g（2cm见方的2块）
嫩豆腐…25g（3cm见方的1块）
鲣鱼高汤…适量
水溶淀粉…少许

[ 做法 ]
1 胡萝卜去皮，切成小丁。豆腐切成1cm见方的小块。
2 胡萝卜倒入锅中，倒入没过的水，用中火煮软。
3 肉糜倒入2的锅中，打散并搅拌均匀，煮熟后倒入水溶淀粉，调至黏稠状即可。

细嚼期
9~11个月

热量
维生素 矿物质
蛋白质

煮得软糯的土豆很可口
# 牛肉糜炖土豆

[ 食材 ]
瘦牛肉糜…15g（1大勺）
土豆…80g（中等大小的半个）
洋葱…30g（中等大小的1/5个）
植物油…少许

[ 做法 ]
1 土豆去皮，切成7mm见方的小块。洋葱切成小丁。
2 锅中倒油加热后，加入洋葱和肉糜翻炒。
3 加入土豆，倒入没过的水，煮沸后撇掉浮沫。调成小火，煮至土豆软烂。

细嚼期
9~11个月

热量
蛋白质

鸡蛋
乳制品
小麦

很小巧的手指食物
# 迷你肉饼配煎土豆

[ 食材 ]
瘦猪肉和瘦牛肉混合肉糜…15g（1大勺）
土豆…40g（中等大小的1/4个）
面包糠…2小勺
水…1小勺
植物油…少许

[ 做法 ]
1 土豆削皮，切成容易入口的大小，煮软。
2 将面包糠和水倒入料理盆中，泡软后与肉糜搅拌，捏成直径1cm的小饼。
3 平底锅中倒入植物油，中火加热，将小肉饼两面煎熟。同时，将土豆在锅中煎一下，最后一起盛出装盘。

细嚼期

**细嚼期 9~11个月**

维生素·矿物质 / 蛋白质

切碎并调得黏稠是关键
## 油菜炖牛肉

【食材】
瘦牛肉薄片…15g
油菜…20g(中等大小的半棵)
植物油…少许
水…1/4杯
水溶淀粉…少许

【做法】
1 油菜、牛肉切碎。
2 平底锅内倒入植物油,中火加热,倒入油菜和牛肉翻炒1分钟左右,然后加水,调成小火,把油菜煮软。
3 锅中倒入水溶淀粉,调至黏滑状态即可。

**细嚼期 9~11个月**

热量 / 维生素·矿物质 / 蛋白质 / 小麦

干焖是诀窍,香浓又入味
## 牛肉焖乌冬面

【食材】
瘦牛肉薄片…10g
胡萝卜…15g(2.5cm见方的1块)
青椒…10g(中等大小的1/4个)
水煮乌冬面…60g(1/4包多)
水…1大勺 植物油…少许

【做法】
1 牛肉切成1cm宽的条。胡萝卜削皮,与青椒都切成1cm长的丝。乌冬面也切成1cm长的段。
2 平底锅内倒入植物油,中火加热,倒入牛肉翻炒至变色,再放入胡萝卜、青椒,简单翻炒一下。
3 将乌冬面放入锅中,加水焖至蔬菜变软。

**咀嚼期 1岁~1岁半**

热量 / 维生素·矿物质 / 蛋白质 / 鸡蛋 / 乳制品 / 小麦

土豆为衣肉为馅,外脆里嫩
## 肉馅土豆饼

【食材】
瘦牛肉和瘦猪肉的混合肉糜…20g(1大勺多)
土豆…40g(中等大小的1/4个)
洋葱…5g(1个5mm宽的扇形切片)
面包糠…1大勺 牛奶…1大勺
植物油…少许 番茄酱…少许

【做法】
1 洋葱切碎。将肉糜、洋葱、面包糠、牛奶倒入料理盆中搅拌均匀,然后分成4等份,分别摊成小饼。
2 土豆刨成丝,均匀粘在小饼的两面。
3 平底锅中倒入植物油,中火加热后,将4块小饼煎至两面焦黄。最后盛入盘中,用番茄酱点缀即可。

**咀嚼期 1岁~1岁半**

热量 / 维生素·矿物质 / 蛋白质 / 鸡蛋

蛋黄酱带来丰富口感
## 猪肉菠菜盖饭

【食材】
瘦猪肉糜…20g(1大勺多)
菠菜…30g(1棵)
米饭…80g(儿童碗8分满)
植物油…少许
盐…少许
蛋黄酱…少许

【做法】
1 菠菜煮软后切碎。
2 平底锅内倒入植物油,中火加热,将肉糜倒入锅中翻炒至变色,然后加入菠菜一起翻炒,撒盐调味。
3 米饭盛入碗中,将2的食材盖在饭上,最后用蛋黄酱点缀。

**MEMO** 蛋黄酱可以从1岁开始少量添加。蛋黄酱含有生鸡蛋成分,不到1岁的宝宝需要加热一下再吃。

咀嚼期
1岁~1岁半

维生素
矿物质

蛋白质

做两个小的给宝宝，其余的大人吃

## 卷心菜包肉圆

[ 食材 ]

**大人＋宝宝1顿的用量**

瘦猪肉糜… 150g
卷心菜叶…50g(中等大小的1片)
酱油、酒、芝麻油…各1/4小勺
淀粉…1/2小勺

[ 做法 ]

1 肉糜、酱油、酒、芝麻油倒入料理盆内揉捏均匀，搓成2个10g(2/3大勺)的肉圆(宝宝吃)，剩下的分成4份，分别搓成肉圆。

2 卷心菜叶切成丝，撒上淀粉后，裹在肉圆外面。

3 蒸锅内水烧开后，将卷心菜肉圆摆进锅内，用小火蒸5~7分钟(也可以放进耐热容器，覆上保鲜膜，微波炉加热4分30秒)。

咀嚼期
1岁~1岁半

热量

维生素
矿物质

蛋白质

满足爱吃肉的宝宝，还能补铁

## 牛肉盖饭

[ 食材 ]

瘦牛肉薄片… 15g
洋葱…30g(中等大小的1/5个)
鲣鱼高汤…1/2杯
软饭(参见P22)…90g
(儿童碗1碗)

[ 做法 ]

1 洋葱切成薄片。牛肉切碎。

2 将洋葱、鲣鱼高汤倒入锅中，用中火加热，煮开后调成小火，煮至洋葱变软。

3 加入牛肉，煮开后撇去浮沫，再煮1分钟左右。

4 软饭盛入碗中，浇上3即可。

咀嚼期
1岁~1岁半

热量

蛋白质

口感酥软，香味扑鼻

## 猪肉土豆饼

[ 食材 ]

瘦猪肉薄片…15g
土豆…150g(中等大小的1个)
植物油…1小勺

[ 做法 ]

1 猪肉切碎，放入耐热容器，覆上保鲜膜后，放入微波炉加热1分钟。

2 土豆削皮后煮熟研磨成泥，然后滤水备用。

3 平底锅内倒入植物油，中火加热，然后将土豆泥分为5~6等份，用勺子分别舀入锅中，点缀上猪肉，两面煎2~3分钟，直至全熟。

咀嚼期
1岁~1岁半

维生素
矿物质

蛋白质

黄瓜带来清爽入味的口感

## 黄瓜泥配猪肉

[ 食材 ]

瘦猪肉薄片…15g
黄瓜…20g(中等大小的1/5根)

[ 做法 ]

1 锅内水烧开后，放入猪肉，然后关火搅拌至猪肉变色捞出，稍微冷却后，切成7mm宽的肉条。

2 黄瓜研磨成泥。

3 猪肉和黄瓜盛入盘中，拌着给宝宝吃。

细嚼期

咀嚼期

# 其他水产类

从蠕嚼期开始，可以添加鲑鱼、金枪鱼等红肉鱼，从细嚼期开始可以添加竹荚鱼、沙丁鱼等青背鱼，以及牡蛎、扇贝等贝类。要从少到多，逐渐添加。

**如何挑选**
要注意脂肪含量越高的鱼类越难保鲜。辅食要选择新鲜且脂肪少的部位。

**营养成分**
鱼肉中含有优质蛋白质、钙，以及促进钙吸收的维生素 D 等众多成长必需的营养素。此外，红肉鱼含有丰富的铁；青背鱼含有促进大脑发育的 DHA、EPA，要及时给宝宝添加。

## 各阶段辅食的形态（生鲑鱼）
与实物等大

| 吞咽期 ▶▶▶ | 蠕嚼期 ▶▶▶ | 细嚼期 ▶▶▶ | 咀嚼期 |
|---|---|---|---|
| 5~6个月 | 7~8个月 | 9~11个月 | 1岁~1岁半 |

还不能添加

只能添加低脂肪的白肉鱼。

煮熟，碾碎并增加顺滑度。

煮熟后拨碎。

煮熟后，拨成 1cm 见方的小块。

## 烹制要点

**POINT 1 生鲑鱼肉去掉鱼皮和鱼刺**

市面上出售的腌鲑鱼，盐分很高，建议买新鲜的鲑鱼。白色脂肪较少的红肉部分适合作为辅食。煮熟后，去掉鱼皮，用手拨碎，并仔细剔掉鱼刺。

**POINT 2 金枪鱼、鲣鱼直接用生鱼片很方便**

寿司用生鱼片每片约 10g，正好是宝宝 1 顿辅食的量，且省去了去皮去刺的时间。此外，金枪鱼的生鱼片种类较多，要选择红肉的，脂肪少的。

**POINT 3 竹荚鱼、秋刀鱼要选择尾部的肉**

如果是烤整条竹荚鱼或秋刀鱼，建议从靠近尾巴的部位剔取鱼肉，因为这个部位鱼刺较少。青背鱼的脂肪较多，容易氧化，所以要趁新鲜，撒上盐烤熟。

**POINT 4 选用当季牡蛎只取白色部分**

冬季是牡蛎的时令季节，这时的牡蛎比较适合做辅食，只取用白色的部分，剔掉黑色的部分。牡蛎、扇贝加热后依然很柔软，并且富含大脑发育不可缺少的牛磺酸。

## 冷冻和解冻的小窍门

**基本技巧 煮熟后冷冻按需逐次取出**

放入保鲜袋冷冻保存

鱼肉要趁着新鲜尽快烹煮后冷冻起来。水煮或烤熟后剔下的鱼肉，煎熟的鱼肉片，处理成容易入口的形态后，放入保鲜袋冷冻保存。

**妈妈更轻松 鲑鱼冷冻后更易去皮**

轻轻一撕就剥下来了

鲑鱼冷冻后会变得很硬，只要从一端轻轻撕开就可以去掉皮了。桑野和泉（妈妈）、洸正（儿子·1岁）

**煮生鱼片的汤汁留着给大人做菜用**

我会用金枪鱼的生鱼片给宝宝做辅食，汤汁可以给大人炖汤用。小林展子（妈妈）、奏斗（儿子·10 个月）

蠕嚼期
7~8个月

维生素矿物质
蛋白质

鲑鱼提前煮一下去腥
## 萝卜炖鲑鱼

[食材]
新鲜鲑鱼…10g(生鱼片1/12片)
白萝卜…20g(2cm见方的2块)
鲣鱼高汤…1大勺

[做法]
1 白萝卜碾成泥。鲑鱼用开水焯一下，去掉鱼皮和鱼刺，并将鱼肉拨碎。
2 锅内倒入鲣鱼高汤，用小火加热，倒入萝卜泥稍煮一下，最后加入鲑鱼肉快速煮一下。

蠕嚼期
7~8个月

热量
蛋白质

汤汁消除了鱼肉的粗糙感
## 豆浆味金枪鱼炖土豆

[食材]
金枪鱼…5g(生鱼片1/2片)
土豆…20g(中等大小的1/8个)
鲣鱼高汤…1/4杯
豆浆…1大勺

[做法]
1 土豆去皮后放入锅中，加入鲣鱼高汤，用中火煮软。
2 金枪鱼加入1的锅中，用叉子一边搅一边煮。
3 最后加入豆浆，快速地煮一下。

蠕嚼期
7~8个月

热量
维生素矿物质
蛋白质

口感味道俱佳，宝宝吃光光
## 鲑鱼卷心菜粥

[食材]
新鲜鲑鱼…15g(生鱼片1/8片)
卷心菜叶…20g(中等大小的1/3片)
5倍粥(参见P22)…50g(3大勺多)

[做法]
1 鲑鱼去掉鱼皮和鱼刺，切碎。卷心菜叶煮软再切碎。
2 将5倍粥与鲑鱼、卷心菜倒入锅中，用中火煮开后，调成小火，煮至鲑鱼肉熟透。如果粘锅，可以加适量的水。

蠕嚼期
7~8个月

维生素矿物质
蛋白质

蔬菜的水分充分释放出来
## 西式煮金枪鱼

[食材]
金枪鱼…10g(生鱼片1片)
西红柿…30g(中等大小的1/5个)
洋葱…10g(1个1cm宽的扇形切片)
植物油…少许
水…1/2杯

[做法]
1 西红柿去掉皮和籽，切碎。洋葱、金枪鱼切碎。
2 锅内倒入植物油，用小火加热，倒入洋葱翻炒2分钟。再调成中火，倒入金枪鱼、西红柿、水，煮2分钟即可。

蠕嚼期

其他水产类

维生素
矿物质

蛋白质

配上西红柿放入烤箱即可

## 鲑鱼烤西红柿

【食材】

生鲑鱼肉…15g(1/8整鱼段)

西红柿…20g(中等大小的1/8个)

【做法】

1 鲑鱼去掉鱼皮和鱼刺,切成小丁。西红柿去掉皮和籽,也切成小丁。

2 鲑鱼肉和西红柿均匀地分装到锡纸小碗中,放入烤箱烤7分钟左右,直至全熟。

**MEMO** 鳕鱼、金枪鱼、鲥鱼等都可以用烤箱直接烤,非常方便。

热量

蛋白质

小麦

整片煎好再切开,方便入口

## 鲣鱼小饼

【食材】

鲣鱼…10g(生鱼片1片)

小麦粉…3大勺

水…不足2大勺

芝麻油…少许

【做法】

1 鲣鱼肉切碎。

2 小麦粉、水、鲣鱼肉放入料理盆中,与面粉搅拌均匀。

3 芝麻油倒入平底锅中,用中火加热,将2倒入锅中,煎至两面呈焦黄色即可。最后切成容易入口的大小。

热量

维生素矿物质

蛋白质

快煮而不要加热过度

## 青菜金枪鱼羹

【食材】

金枪鱼…15g(生鱼片1大片)

青菜叶…20g(中等大小的2片)

水…1/2杯

水溶淀粉…少许

5倍粥(参见P22)…70g(儿童碗7分满)

【做法】

1 青菜叶切碎。金枪鱼肉切成7mm见方的小块。

2 水开后,放入青菜叶煮软,然后放入金枪鱼肉稍煮一下,撇去浮沫,最后倒入水溶淀粉,调至黏稠状。

3 5倍粥盛入碗中,浇上2即可。

热量

维生素矿物质

蛋白质

乳制品

满满的营养,健体又健脑

## 奶香牡蛎汤

【食材】

牡蛎…10g(中等的1/2个)

土豆…40g(中等的1/4个)

洋葱…15g(1个1.5cm宽的扇形切片)

牛奶…1/2大勺

黄油…少许　水…1/2杯

【做法】

1 土豆去皮,切成7mm见方的小块。洋葱切碎。牡蛎冲洗干净后,取白色部分,切碎。

2 土豆、洋葱、水、黄油倒入锅中,用小火煮5分钟左右,直至变软。

3 牡蛎、牛奶加入2的锅中,稍煮即可。

咀嚼期
1岁～1岁半

维生素
矿物质

蛋白质

小麦

春季马鲛鱼营养价值高，口感柔软

## 煎马鲛鱼配卷心菜

【食材】
马鲛鱼…20g
(1/6整鱼段)
卷心菜…30g
(中等的1/2片)
小麦粉…少许
植物油…少许

【做法】
1 马鲛鱼切成边长不足1cm的小块，薄薄地裹上一层小麦粉。
2 卷心菜煮软后，切成2cm长的丝，盛入盘中。
3 平底锅内倒入植物油，中火加热后，倒入马鲛鱼块，两面煎熟，最后盛在卷心菜上。

POINT

马鲛鱼裹上小麦粉后再用油煎，可以达到外脆里嫩的口感。

---

咀嚼期
1岁～1岁半

热量

维生素
矿物质

蛋白质

小麦

撒上盐和胡椒，大人也爱吃

## 秋刀鱼番茄意面

【食材】
秋刀鱼…20g(烤熟后取2大勺鱼肉)
西红柿…30g(中等大小的1/5个)
意大利面…35g

【做法】
1 秋刀鱼撒上盐烤熟，去掉鱼皮和鱼刺，拨碎鱼肉。西红柿去掉皮和籽，切成7mm见方的块。
2 意大利面折成2cm长的段，充分煮软。
3 把秋刀鱼肉、西红柿、意大利面拌匀即可。

---

咀嚼期
1岁～1岁半

热量

维生素
矿物质

蛋白质

竹荚鱼的香味与洋葱的甜味相得益彰

## 竹荚鱼洋葱汤

【食材】
竹荚鱼…20g(烤熟后取2大勺鱼肉)
洋葱…10g(1个1cm宽的扇形切片)
水…1/2杯
软饭(参见P22)…90g
(儿童碗1碗)

【做法】
1 竹荚鱼撒上盐烤熟，去掉鱼皮和鱼刺，拨碎鱼肉。洋葱切成薄片。
2 洋葱、水放入锅中，用小火煮软。然后加入竹荚鱼肉，关火，静置冷却。
3 软饭盛入碗中，浇上竹荚鱼洋葱汤。

---

咀嚼期
1岁～1岁半

维生素
矿物质

蛋白质

西红柿中和鱼肉的油脂

## 西红柿煮鲕鱼

【食材】
鲕鱼(去掉皮和暗红色部分)…20g
西红柿…40g(中等大小的1/4个)
橄榄油…少许

【做法】
1 西红柿去掉皮和籽，切碎。将鲕鱼切成边长不足1cm的小块。
2 锅内倒入橄榄油，用中小火加热，倒入西红柿翻炒一下，再加入鲕鱼，用西红柿的汤汁煮至熟透。

细嚼期

咀嚼期

为派对&节日准备的辅食

宝宝生日、圣诞节、新年、儿童节

在特别的日子里,宝宝的辅食也要特别花心思。让我们用美味的食物为这些日子增添色彩,留下美好的回忆。

BIRTHDAY

# 生日

庆祝宝宝第一个生日,更感激这个小天使能健康快乐地成长。在这个充满爱的日子里,妈妈为宝宝准备了爱心满满的生日大餐。

1岁生日

**咀嚼期**
1岁~1岁半

FIRST BIRTHDAY

## 用松饼和酸奶制作宝宝的
### 生日蛋糕

**[ 食材 ]**

松饼(直径12cm)…3片　原味酸奶…300g
草莓…中等大小的6个　蓝莓…12~15颗
婴儿饼干(圆形的)…2片　小馒头饼干…6粒
熟芝麻、果酱等配料…适量

**[ 做法 ]**

1 厨房纸巾垫在滤网内,浇上酸奶,放置半日左右,沥掉水分。

2 利用市售的松饼粉,按照包装上的说明,制作出3片直径12cm的松饼。

3 草莓切成7~8mm见方的小块,蓝莓对半切开。

4 用果酱等配料在饼干上画出笑脸或小汽车等卡通图案,并在小馒头饼干上写上祝福文字。

5 1片松饼涂上酸奶,并装点上总量1/3的草莓和蓝莓,再涂上一层酸奶。剩余2片松饼如法炮制。3片松饼摆在一起,最上面再放上画好笑脸的饼干,插上蜡烛。最后摆盘,在周边装饰小馒头饼干和画上汽车的饼干。建议给宝宝吃1/4块。

热量　维生素矿物质　蛋白质　小麦　鸡蛋　乳制品

**MEMO** 如果松饼粉是200g一袋,可以做9~10个松饼。剩余的松饼粉可以用保鲜膜封好后冷冻。此外,如果购买的是婴儿专用的酸奶,就不需要沥水,选用180g包装的即可。

**吞咽期**
5~6个月

半岁生日

HALF BIRTHDAY

### 双色米粥&彩色豆腐拼盘
## 半岁生日餐

**[ 食材 ]**

10倍粥…30g(2大勺)　嫩豆腐…25g(3cm见方的1块)
南瓜…10g(2cm见方的1块)
煮熟的西蓝花花头…少许　煮熟的胡萝卜…少许

**[ 做法 ]**

1 南瓜煮软。

2 2/3的米粥与1/3的南瓜搅拌后,盛入碗中。剩下的米粥盛在上面,形成双层的形态。用剩下的南瓜做一个心形,装饰在粥的上方。如果有蜡烛或配饰也可以一并装点上。

3 豆腐煮熟后碾碎,盛入碗中。将西蓝花的花头和胡萝卜分别碾碎成泥,装饰在豆腐上。

**POINT**

南瓜先做成圆形,再用牙签加工成心形。建议与粥搅拌后再喂给宝宝吃。

※粥的做法参见P22。

热量　维生素矿物质　蛋白质

CHRISTMAS
# 圣诞节

圣诞节时，爸爸妈妈可以选择容易操作且漂亮的菜品，然后用同样的食材，做出星星或圣诞树的形状，让宝宝感受节日气氛。

**吞咽期** 5~6个月

热量 / 维生素矿物质

巧用模具让柔软食材变成星形
## 星形红薯泥配胡萝卜泥

【食材】
红薯…1个1cm厚的圆形切片
胡萝卜…1个5mm厚的圆形切片
鲣鱼高汤…适量

【做法】
1 红薯、胡萝卜去皮后，煮软。分别碾碎，加入鲣鱼高汤，调至泥状。
2 星形的模具放入盘中，倒入红薯泥，然后抽掉模具。最后，将胡萝卜泥点缀在红薯泥上方及周边。

---

**蠕嚼期** 7~8个月

热量 / 维生素矿物质 / 蛋白质 / 鸡蛋

丰富的蔬菜带来缤纷色彩和一盘美味
## 蔬菜圣诞树

【食材】
菜花…1/2小朵
土豆…1/8个(20g)
圣女果…1/2个
水煮西蓝花…1/2小朵
煮鸡蛋黄…1/3个
鲣鱼高汤…适量

【做法】
1 菜花切成小丁。土豆去皮后切成1cm见方的小块，与菜花一起用鲣鱼高汤煮软后碾碎。
2 将1的食材盛入盘中，做成三角形后，用刀刻出圣诞树的形状。
3 圣女果去掉皮和籽，切碎。将西蓝花的花头切碎，与圣女果一起撒在圣诞树的周围。一边用滤网过滤蛋黄，一边撒在圣诞树上。

---

**细嚼期** 9~11个月

热量 / 维生素矿物质 / 蛋白质 / 鸡蛋 / 乳制品 / 小麦

可爱造型带给宝宝惊喜
## 圣诞靴和花朵形状的三明治

【食材】
切片面包…2片
鸡胸肉…10g
白干酪…1小勺
西蓝花…1小朵
土豆…1/6个(25g)
装饰用的煮熟的西蓝花和圣女果…适量

【做法】
1 鸡肉煮熟后，切碎，与白干酪搅拌均匀。
2 土豆切成1cm见方的小块，西蓝花切成小丁后煮熟，与土豆一起碾碎。
3 用模具把面包片做成花朵的形状，均匀地塞入拌了白干酪的鸡肉。用厨房剪刀将剩余的面包剪成2片靴子的形状，塞入土豆西蓝花泥。最后，将煮熟的西蓝花和圣女果装点在上面即可。建议将面包撕碎后再喂宝宝。

---

**咀嚼期** 1岁~1岁半

热量 / 维生素矿物质 / 鸡蛋

用红·黄·绿装点出圣诞色彩
## 缤纷多彩的米饭蛋糕

【食材】
米饭…儿童碗半碗
水煮虾(黑虎虾等)…1/3条
水煮西蓝花…1小朵
圣女果…1/2个
煮鸡蛋…1/4个
红薯…1个5mm厚的圆形切片
盐…少许

【做法】
1 锅中倒入米饭，加入2大勺水，用小火煮软，加盐搅拌均匀。
2 虾去壳，圣女果去掉皮和籽，一起切碎。红薯去皮后煮熟，用模具做成星形。
3 将圆筒形的模具置于盘中，填入一层米饭，再填入一层西蓝花，然后填入剩余的米饭，抽掉模具。最后将剩余的西蓝花和2的食材点缀在上面即可。

**细嚼期**
9~11个月

红白丸子

维生素
矿物质

蛋白质

**咀嚼期**
1岁~1岁半

鲷鱼土豆泥盅

热量

维生素
矿物质

蛋白质

乳制品

## 新年

用红色和白色①的食材，就可以做出寓意吉祥的新年辅食。让宝宝也感受到新年的喜庆气氛。

---

### 红色彩椒营造新年日出景象
## 新年旭日米粥

**[ 食材 ]**
红色彩椒…20g(1/6个)
菠菜叶…1片
10倍粥…30g(2大勺)
水溶淀粉…少许

**[ 做法 ]**
1 红色彩椒去皮，煮软，用滤网滤成泥，再加入水溶淀粉，用微波炉加热20~30秒，达到黏稠状。
2 菠菜叶煮软后过滤成泥。
3 10倍粥碾碎后盛入碗中，将圆形的红色彩椒泥点缀在正中央，周边用牙签点缀少量菠菜泥。

### 豆腐和鸡肉糜打造香浓口感
## 红白丸子

**[ 食材 ]**
胡萝卜…20g(2cm见方的2块)
A [北豆腐…30g(1/10盒)
　鸡肉糜…5g(1小勺)
　葱末…5g(1小勺)
　淀粉…1小勺]
水煮西蓝花…1小朵

**[ 做法 ]**
1 胡萝卜去皮后，切成5mm见方的小块，放入耐热容器，加1小勺水，然后覆上保鲜膜，放入微波炉加热约1分30秒。
2 搅拌食材A，加入胡萝卜继续搅拌，再均匀分成5等份，分别搓成丸子状。放入耐热容器中，覆上保鲜膜后微波炉加热1分钟左右。
3 丸子放入盘中，点缀上西蓝花即可。

---

### 做成寓意吉祥的葫芦状
## 葫芦形芋头鲑鱼羹

**[ 食材 ]**
芋头…30g(小的1/2个)
生鲑鱼…10g
鲣鱼高汤…2大勺
A[淀粉…1/4小勺
　水…1/2小勺]

**[ 做法 ]**
1 芋头连皮放入耐热容器，覆上保鲜膜后放入微波炉加热约2分钟。表面冷却后，去皮、碾碎成泥，在盘中摆出葫芦状。
2 鲑鱼肉煮熟后，去掉皮和鱼刺，拨碎。
3 鲣鱼高汤和鲑鱼肉倒入锅中煮开，搅拌好的A倒入锅中，搅拌至黏稠状，浇在芋泥周围。

### 圣女果做成的小碗非常可爱
## 鲷鱼土豆泥盅

**[ 食材 ]**
鲷鱼(生鱼片用)…15g
土豆…60g(小的1/2个)
圣女果…2个
牛奶…1大勺

**[ 做法 ]**
1 鲷鱼煮熟后，拨成容易入口的状态。土豆连皮用保鲜膜包好，放入微波炉加热约3分钟，去皮并碾成泥，用牛奶搅拌均匀。
2 圣女果去皮后，对半切开，挖掉籽。将土豆泥捏成圆球状填入圣女果中，用鲷鱼肉点缀。旁边可以点缀一口大小的芦笋。

①白色在日本代表纯净、素雅。

## GIRL'S FESTIVAL
## 日本女儿节①

女儿节是女孩们的节日，所以辅食要做得可爱一些。尤其是两个人偶的设计，会让宝宝特别感兴趣。

**吞咽期 5～6个月**

草莓在碗中绽放出可爱花朵
### 桃花豆腐牛奶羹

[ 食材 ]
嫩豆腐…30g(1/10盒)
草莓…2个
温水冲的奶粉…1小勺
淀粉…少许

[ 做法 ]
1　嫩豆腐用微波炉加热约30秒后碾碎，然后与冲好的奶粉搅拌均匀。
2　草莓用滤网滤成泥，倒入小锅，加入淀粉搅拌一下，用火稍微加热至黏稠状。
3　豆腐牛奶羹倒入碗中，用草莓泥在上面画出桃花的形状。

**蠕嚼期 7～8个月**

稍加装饰，粥也可以很可爱
### 女儿节米粥

[ 食材 ]
7倍粥…1.5大勺
胡萝卜…10g(2cm见方的1块)
西蓝花花蕾…1小朵

[ 做法 ]
1　胡萝卜削皮后，切成2mm的碎丁，煮软。留下1/2小勺作为装饰用，其余的碾碎。
2　西蓝花剁碎后煮熟，留下少许作装饰用，其余的碾碎。
3　用粥在碗中摆出雪人的形状，用碾碎的胡萝卜和西蓝花为两个人偶装饰面部、头发、衣带。最后，用胡萝卜和西蓝花点缀一下头发和衣带。

**细嚼期 9～11个月**

模样很可爱，味道很清淡
### 女儿节土豆沙拉人偶

[ 食材 ]
土豆…1/2个
原味酸奶…1小勺
蛋黄酱…少许
黑芝麻、烤海苔…适量
黄瓜、水煮彩椒(红色)…适量

[ 做法 ]
1　土豆煮熟后碾成泥，与酸奶、蛋黄酱均匀搅拌。
2　将1搓成两个圆球和两个方形底座，组成人偶形。黑芝麻作为眼睛，海苔作为头发和衣带装饰上去。用黄瓜皮作为男宝宝(图中左侧人偶)的"冠"和"笏(面前的竖牌)"，用红色彩椒做出女宝宝(图中右侧人偶)的"冠"和扇子，以及两个人偶的嘴唇。

★蛋黄酱中含有生鸡蛋，1岁前的宝宝务必要加热后再食用。
★作为眼睛的黑芝麻只是装饰用，为防止宝宝误吞，要及时取下来。

**咀嚼期 1岁～1岁半**

用煎鸡蛋打造华丽衣衫
### 女儿节饭团

[ 食材 ]
软饭…80g
鸡蛋…1个
A[砂糖…2撮
　盐…少许]
水煮西蓝花花蕾…少许
水煮胡萝卜扇形切片…2片
烤海苔…适量

[ 做法 ]
1　将软饭分别捏成两个三角形的和两个圆形的饭团。
2　鸡蛋打散，加入调料A搅拌均匀。平底锅加热后，分两次倒入鸡蛋液，煎出两片鸡蛋薄饼。
3　取一片鸡蛋饼对半切开，分别包裹在两个三角形饭团外作为衣服，然后将圆形饭团放在上面。用海苔做出头发、眼睛、嘴巴。将西蓝花花蕾作为男宝宝(图左)的扇子，一片胡萝卜作为女宝宝(图右)的扇子，另一片加工成女宝宝的"冠"。

①每年3月3日是日本女儿节（又称人偶节、桃花节），是希望女孩健康成长的节日，有女孩的家庭会摆出白酒、菱饼、桃花和人偶来庆祝。

# 日本男孩节①

这里有融合日本儿童节传统的鲤鱼旗、橡树叶等元素的菜单。还用鲤鱼迎合了"katsuo（鲣鱼）＝胜男"的吉祥寓意。

---

**吞咽期**
5～6个月

热量
维生素矿物质

蔬菜的自然清香在口中弥漫

## 春意盎然蚕豆粥

**[ 食材 ]**
蚕豆…约6粒（净重30g）
南瓜…5g（1小勺）
胡萝卜…5g（1小勺）
10倍粥…30g（2大勺）

**[ 做法 ]**
1 蚕豆去皮后，用开水煮4分钟，碾成泥。
2 南瓜、胡萝卜煮软（或用微波炉加热），然后用滤网滤成泥，加开水调至黏稠状。
3 将10倍粥研磨后，加入蚕豆泥搅拌均匀，盛入碗中，点缀上南瓜泥和胡萝卜泥。

---

**嚼嚼期**
7～8个月

热量
维生素矿物质
蛋白质

真可爱，和我家宝宝很像！

## 儿童节南瓜鲣鱼粥

**[ 食材 ]**
南瓜…25g（3cm见方的1块）
鲣鱼生鱼片…10g（1小片）
5倍粥…50g（儿童碗半碗）
烤海苔…少许
鲣鱼高汤…1大勺

**[ 做法 ]**
1 南瓜煮软（或用微波炉加热），用叉子碾碎。加入开水，调至软烂，再压成三角形。
2 鲣鱼肉放入耐热容器，加入鲣鱼高汤，用微波炉加热30秒左右，一边搅拌一边将鱼肉拨碎。
3 将米粥盛入碗中，摆出圆脸的形状，用海苔做眼睛和嘴巴。将三角形的南瓜摆在圆脸上方，鲣鱼肉点缀在南瓜上。

---

**细嚼期**
9～11个月

热量
维生素矿物质
蛋白质

把加了蚕豆的糯米饼做成叶子的形状

## 鲣鱼配橡树叶小饼

**[ 食材 ]**
蚕豆…约2粒（净重10g）
糯米粉…1小勺
嫩豆腐…1小勺
鲣鱼生鱼片…10g（1小片）　酱油…少许
A [鲣鱼高汤…1大勺
淀粉…少许]

**[ 做法 ]**
1 蚕豆去皮后，用开水煮4分钟，碾成泥。
2 糯米粉、豆腐与蚕豆泥搅拌均匀，然后分成3等份，捏成橡树叶的形状，用刀压出叶子的纹理。煮熟后过冷水，沥干水分后盛入盘中。
3 将鲣鱼肉放入耐热容器中，加入调料A，放入微波炉加热约30秒，用叉子拨碎鱼肉，加入酱油拌匀后，点缀在橡树叶小饼上。建议撕成小块后再喂宝宝。

---

**咀嚼期**
1岁～1岁半

热量
维生素矿物质
蛋白质

鸡蛋
乳制品
小麦

多彩的鲤鱼旗造型，营养也十分丰富

## 鲤鱼旗烤面包

**[ 食材 ]**
三明治用切片面包…1片
南瓜…15g（2.5cm见方的1块）
菠菜…15g（1/2棵）
鲣鱼生鱼片…15g（1片）
砂糖、小麦粉…少许
植物油、黄油…少许
番茄酱…少许

**[ 做法 ]**
1 南瓜煮软（或用微波炉加热），碾碎，加入砂糖搅拌均匀。
2 菠菜煮熟后切碎，平底锅内倒油加热后，翻炒一下菠菜。
3 鲣鱼肉撒上少许小麦粉，平底锅内放入黄油，煎熟鲣鱼，再加入1小勺水，拨碎鱼肉。
4 面包切成鲤鱼旗的形状，烤至焦黄。最后将南瓜、菠菜、鲣鱼以条纹状交错摆在面包上，再用番茄酱点缀即可。

---

①每年5月5日是日本男孩节，人们在这一天祈祷男孩茁壮成长，有男孩的家庭会在庭院里悬挂鲤鱼旗。

图书在版编目（CIP）数据

辅食全放心 / （日）上田玲子编 ； 邹艳苗译 ． —— 海
口 ：南海出版公司，2020.5
ISBN 978-7-5442-9689-2

Ⅰ．①辅… Ⅱ．①上… ②邹… Ⅲ．①婴幼儿－食谱
Ⅳ．① TS972.162

中国版本图书馆 CIP 数据核字（2019）第 221324 号

著作权合同登记号　图字：30-2018-106
 HAJIMETE MAMA & PAPA NO RINYUUSHOKU
© SHUFUNOTOMO CO.,LTD. 2015
Originally published in Japan in 2015 by SHUFUNOTOMO CO.,LTD.
Chinese translation rights arranged through DAIKOUSHA INC..Kawagoe.
Simplified Chinese translation © 2020 Thinkingdom Media Group Ltd.
all rights reserved.


**辅食全放心**
〔日〕上田玲子 编
邹艳苗 译

出　　版　南海出版公司　（0898）66568511
　　　　　海口市海秀中路51号星华大厦五楼　　邮编 570206
发　　行　新经典发行有限公司
　　　　　电话（010）68423599　　邮箱 editor@readinglife.com
经　　销　新华书店

责任编辑　崔莲花　马晓娴
装帧设计　王小喆
内文制作　博远文化

印　　刷　北京奇良海德印刷股份有限公司
开　　本　700毫米×990毫米　1/16
印　　张　12
字　　数　100千
版　　次　2020年5月第1版
印　　次　2020年5月第1次印刷
书　　号　ISBN 978-7-5442-9689-2
定　　价　88.00元